谨以此书纪念云南省盆景赏石协会成立二十周年

云岭盆韵
YUNLING PENYUN

云南省盆景赏石协会　编

中国林业出版社
China Forestry Publishing House

图书在版编目(CIP)数据

云岭盆韵 / 云南省盆景赏石协会编. -- 北京：中国林业出版社，2020.2

ISBN 978-7-5219-0515-1

Ⅰ. ①云… Ⅱ. ①云… Ⅲ. ①盆景－观赏园艺 Ⅳ. ① S688.1

中国版本图书馆 CIP 数据核字（2020）第 049888 号

责任编辑　张　华

出版发行　中国林业出版社
　　　　　（北京市西城区德内大街刘海胡同 7 号）
邮　　编　100009
电　　话　010-83143566
印　　刷　北京雅昌艺术印刷有限公司
版　　次　2020 年 8 月第 1 版
印　　次　2020 年 8 月第 1 次
开　　本　889mm×1194mm　1/16
印　　张　17
字　　数　560 千字
定　　价　398.00 元

未经许可，不得以任何方式复制或抄袭本书的部分或全部内容。

版权所有　侵权必究

《云岭盆韵》编委会

名誉主编：韦群杰

主　　编：太云华　许万明　解道乾　杨云坤

执行主编：太云华

副 主 编：周宽祥　彭晓斌　石　岚　苏跃文　吴　康　王金龙
　　　　　　刘　辉　张国发　魏兴林　孙启华　钟成党　赵桂峰

编　　委：白靖舒　胡昌彦　郭纹辛　王　伟　杨瀚森　王　昌
　　　　　　张国琳　陈　希　陈友贵　孙　祥　罗春祥　顾发光
　　　　　　王志远　蔡树发　沐仕鹏　李　坚　裴秋璟　周　文
　　　　　　陈志元　翟应祖　宋有斌

封面题字：陈　昌

校　　对：太云华　许万明

摄　　影：刘少红　太云华　常志刚　王　建　董　刚　倪承跃

《华灯高照》，白忠作品

代 序

中国风景园林学会花卉盆景赏石分会顾问、
云南省盆景赏石协会顾问：韦金笙

  云南地处祖国西南边疆，具有得天独厚的自然条件、如诗如画的秀丽风光、美不胜收的文化遗存，素有"植物王国""有色金属王国"美誉。"唐梅""宋柏""明茶"至今老当益壮，傲然屹立，为云南盆景艺术、赏石艺术的发展提供了优越条件。

  在历史、文化沉淀之下，云南传统盆景艺术中，集书法艺术与盆景艺术为一体的"书法式"盆景最富地方特色。现存于昆明大观公园的清康熙年间制作的"寿"字书法紫薇盆景，开花时节，红花怒放，宛若云霞，十分壮观。赏石方面尤以云南大理石、东川石胆石、龙陵黄龙玉、金沙江石以及遍布全省的江河水冲石等闻名四海。

  云南虽地处祖国西南边疆，但在1999年，抓住难得机遇，在昆明举办中国'99世界园艺博览会（当年我应聘担任"世博会"专业评审组专家，盆景评比组组长，主持盆景评比）促进下，展示云南盆景、赏石风采，并频频获奖，让海内外认知云南盆景、赏石艺术特色。云南全省盆景、赏石爱好者在"世博会"的促进下，与时俱进，海纳百川，创新求精，在传统的基础上，发扬云南独特的树种、石种，改革创新（制作）技艺，不断提升艺术鉴赏水平。2000年6月，又不失时机地成立了云南省盆景艺术协会，并在省协会的引导下，打破了固有的框框条条，立足本土，奋起直追。坚持"走出去，请进来"的原则，扩大对外交流，拓展思维，倡导了云南盆景、赏石界新一轮的学习高潮。

从2000年省协会成立之初，举办"首届云南省盆景艺术评比展"到"第八届云南省盆景艺术评比展"，云南盆景无论数量、种类以及艺术水平等方面都进入了空前的发展时期。特别是2015年以来，连续4次举办全国性的"昆明世博杯"盆景精品邀请展和"2015年昆明'斗南'中国盆景精品邀请展暨云南赏石根艺展"、"2019年第三届国际盆景协会（BCI）中国地区委员会会员盆景精品展及中国盆景邀请展"等大型展览活动以及"云南省盆景艺术培训班"，让云南盆景界人士从视角上、思想上产生了强烈的冲击和极大震撼，使得云南盆景在全国盆景界产生了较大的影响，具有较高的知名度。

云南盆景在近20年的发展历程中，铸就了"敢为人先，追求卓越"的云南盆景精神。值此云南省盆景赏石协会成立二十周年之际，《云岭盆韵》一书的出版，势必对云南盆景艺术产生更深远而积极的影响，也必将为云南盆景艺术宝库留下一份珍贵的历史资料。深信该书一定会受到广大盆景爱好者的欢迎。同时，衷心地希望云南盆景界的朋友们，在省协会的引导下，总结前辈经验，在汲取中国传统文化精粹的基础上，尊重自然，博采众长，奋力进取。进一步弘扬和发展"敢为人先，追求卓越"的云南盆景精神，创作出属于自己的、具有文化个性又与时代发展同步的云南风格，才能在中国盆景艺术的百花园中，不断绽放出绚丽的光彩。

在云南省盆景赏石协会成立二十周年之际，特向云南省盆景赏石协会表示热烈祝贺！祝云南盆景更上一层楼！

韦金笙先生手书

云南盆景必将后来居上

世界盆景友好联盟名誉主席：胡运骅

盆景起源于中国，其历史悠久，源远流长。但长期以来主要分布于长三角、珠三角地区和四川等地，而云南省创作培育盆景者寥若晨星。

自1979年在北京北海公园举办首届中国盆景展览和1985年在上海虹口公园举办首届中国盆景评比展览后，揭开了中国盆景大发展的序幕。从此，中国盆景的发展驶入了快车道。通过广泛深入的观摩交流，创作培育盆景者与日俱增，云南盆景也随着这股发展的潮流突飞猛进！

当初在前几届全国盆景展上，云南盆景犹如一块未经雕琢的璞玉，仅显示出各种植物的自然之美。后经与国内同行不断地相互学习切磋，尤其1999年在昆明举办的世界园艺博览会上，国内顶级盆景在世博园内充分展示，使云南盆景人迅速掌握了盆景艺术的精髓，盆景创作者的队伍也越来越壮大。于是，2000年6月正式成立了云南省盆景艺术协会，在省协会的组织领导下，先后在昆明、蒙自、昭通、曲靖、通海等地举办了八届全省的盆景展览，又分别于2015年、2016年、2017年连续三年、四次举办全国性的盆景艺术精品邀请展和中国盆景艺术大师、名人、名园作品展等大型展览，并于2008年出版了《云南盆景赏石根艺》一书。

如今的云南盆景，精品荟萃，人才辈出，盆景技艺日新月异。自2001年第五届全国盆景评比展开始，云南盆景几乎每届全国大展都有数枚银奖和铜奖入账，2018年在广东中山、2019年在云南昆明举办的第二届、第三届"国际盆景协会（BCI）中国地区委员会会员盆景精品展及中国盆景邀请展"上，云南盆景《只手擎天》《万壑树参天》《大地情》一举夺得金奖，协会理事长韦群杰先生被评为中国盆景艺术大师，云南盆景已在我国西南地区独领风骚。

云南省素有"植物王国"之称，丰富的盆景创作素材、得天独厚的气候条件和文化底蕴使云南盆景的发展潜力无限。我深信经过云南盆景人持续不懈的努力，云南盆景定能后来居上！

现对云南盆景的发展提几点建议和希望，供参考：

1. 在充分保护生态环境的前提下，科学、合理、有计划地对云南的天然盆景资源进行有序的开发利用。

2. 对一些云南特色鲜明的盆景素材，尤其是适合制作中小盆景和开花、结果的进行大量的人工繁殖，以利迅速发展盆景产业，为盆景进入千家万户创造物质条件。

3. 大力组织交流培训，普及盆景知识，再通过总结研究逐步形成云南盆景的地方风格。

4. 组织国内外盆景高手到云南进行示范表演和理论探讨。积极创造条件举办全国和国际盆景交流活动。

5. 大力组织协会会员参加国内国际盆景活动，学习先进理念，不断提高水平。

6. 将盆景和旅游休闲养生结合，使更多的游客来云南旅游并体会园艺疗法的功效。

2020年将迎来云南省盆景赏石协会成立二十周年纪念，特向云南省盆景赏石协会表示热烈祝贺！祝云南盆景百尺竿头更进一步！

目 录
CONTENTS

代序	韦金笙	
云南盆景必将后来居上	胡运骅	

第一章　艺海掠影　　001

盼辉煌	胡乐国	002
创新包容　加速云南盆景的发展	谢克英	003
耕耘二十载　枝繁叶茂	陆志伟	005
期待云南盆景更上一层楼	赵庆泉	006
花开二十载，果实代代传	王选民	008
厚积薄发　后来居上	刘传刚	009
日新月异　多姿多彩	徐　昊	010
云南盆景　方兴未艾	张志刚	013
历史已远　唯留回味		
——漫话云南盆景	太云华	015
敢为人先　追求卓越		
——云南省盆景赏石协会发展记	太云华	030

第二章　作品欣赏　　047

2012年以来省协会历届展览金奖作品选登	048
赏石作品选登	122
相关人员作品选登	132

第三章　艺海拾贝 ······ 137

云南盆景上路了	胡乐国	138
《前赴后继》一件动势黄杨盆景的创作	解道乾	140
云南盆景文化市场浅探	太云华	143
会泽铁胆乾坤石　岩石中的金元宝	顾发光	146

意因感立　景由心生
　　——"礼"的创作回顾 ······ 陈友贵　151

探秘云南特色树种铁马鞭	翟应祖	155
梅花的应用及盆景造型	许万明	158
云南黄杨初探	陈　希	162
山水盆景创作程序与方法	韦群杰	166
盆景珍稀优良树种：铁马鞭	郭纹辛	174
尖叶木樨榄漫谈	王　伟	176
小石积的盆景情怀	张国琳	179
盆景新贵云南松	杨瀚森	182
云南盆景中的后起之秀——清香木	王　昌	185
说说争让	胡昌彦	188

善于发现　敢于创作
　　——一件丛林黄杨《童梦》的创作过程 ······ 宋有斌　191

水旱盆景《冬林傲骨》的创作	韦群杰	193
素仁与文人	太云华	198
天地留魂——我和"柏老师"	陈友贵	202
云南杜鹃盆景浅析	陈　希	205

仙家应在云深处
　　——解读黄敖训大师新作《懒云仙》 ······ 胡昌彦　208

蒲小天地大　清气满乾坤
　　——菖蒲盆景砖瓦系列的创作 ······ 许万明　210

附录1：省协会成立以来组织参加的全国大型专题展览及历届"云南省盆景艺术评比展"时间、地点 ······ 214

附录2：省协会活动及各地活动花絮 ······ 218

编后记 ······ 262

第一章

艺海掠影

盼辉煌

中国盆景艺术大师、云南省盆景赏石协会顾问：胡乐国

云南还是那个云南，而今天的云南盆景能那么快速的发展，是因为云南盆景界有个坚强、团结的领导班子。

培养和发现盆景制作与养护人才是云南省盆景赏石协会领导班子最重要的任务。人才多、人才好，云南盆景就能快速实现辉煌。作品的成熟和人才的培育一样，都需要大家的耐心等待。因为他们都是在不断修正、调整中逐渐成熟的。

期盼云南盆景早日实现辉煌！

《一览众山小》，胡乐国作品，五针松，树高92cm

创新包容　加速云南盆景的发展

中国盆景艺术大师、云南省盆景赏石协会顾问：谢克英

云南是个美丽神奇的地方，自然条件得天独厚，素有"植物王国"之称。植物资源极其丰富，居全国之首，又有深厚的历史文化底蕴，为云南盆景的发展提供了优越的条件。云南盆景在发展的长河中逐步形成了自己别具一格的地方特色和艺术风格，云南盆景十分独特，创作手法独到，"书法式"盆景最富地方特色。

改革开放以来，云南盆景有了很大发展，特别是在云南省盆景赏石协会的引领下，全省盆景人与时俱进，开拓进取，采取了很有效的"请进来，走出去"的办法，全体盆景同仁齐心合力，团结奋战，使云南的盆景事业取得了长足的发展，可喜可贺！

随着我国经济的高速发展，民富国强，从而也使我国的盆景事业得以迅猛发展。云南盆景也进入了一个全新的发展时期，也就是云南盆景如何继承传统，充分发挥自身优势，创新包容加速发展。创新发展是十分重要的，不改革创新就不可能有跨越式的发展。

所谓创新就是要继承好的传统，充分发挥自身优势，彻底摒弃旧的、落后的东西，用新的科学、新的理念、新的创意、新的技术，创作出充满时代气息、为现代人喜闻乐见的新作品，下大决心用三五年时间，抓出一批具有中华民族风格、富于地方特色、突显个性的精品来。脚踏实地而又大胆去改革、去尝试、去探索，不要空谈，更不要畏缩不前，这样云南盆景就必定会有跨越性的创新发展。

创新首先要有新的创作理念，要与时俱进，要跟上时代步伐，适应市场经济的发展。随着人们审美观念的改变、要求的不同，要更新自己的创作理念。作品要赋予时代精神，体现人与自然和谐、回归自然的思想追求，这是很重要的。

以前很多人追求正型格盆景，端正工整，而随着时代的发展，市场的需求变化，现在不少人追求"古、怪、奇、特"的盆景。我们要顺应潮流发展和市场需要，要大胆去创新，不要墨守成规。

在盆景造型布局上，要大胆突破，作品要充分体现个性。在坚持"因树造型"的原则下，不要受流派的约束，充分发挥树桩自身的树性优势，应用自己独特的创意去创作，充分突显个性，在枝法布局和特色枝上多下功夫，这很值得我们去探索和实践。

在创新中，我们要学会包容，海纳百川，有容乃大。在多年的实践中，我们觉得更需要虚心学习借鉴日本、中国台湾及其他省市区各流派的先进技艺，融会贯通，真正做到创新、包容、发展。

在创新中，我们在大力发展云南的清香木、铁

马鞭、黄杨、紫薇、高山柏、枸子等优良品种的基础上，还要大力发掘、栽培盆景的新品种，特别要多发掘、多培养能传世的新品种。这也应是云南最大的优势。

此外，在创新发展中，要用科学发展观，引领、指导盆景产业的持续发展。

盆景艺术要想有一个大的发展，要想上一个大台阶，我们这一代盆景人必须要牢牢树立环保意识和持续发展的理念，要转变山采桩材才是最好的错误观点，必须要坚定不移地走"苗培"的道路，使苗木栽培和盆景创作结合起来，这才能保证盆景创作有取之不尽的资源。盆景产业才会做大做强。盆景艺术才能发展到一个新高度。

我深信我们云南盆景朋友一定能立足本地资源，充分发扬地区优势，坚持"请进来，走出去"的有效办法，牢固树立精品意识，创立展览品牌，努力开拓市场，千方百计吸纳更多企业家加入盆景行列，团结奋斗。云南盆景一定会取得更大辉煌。

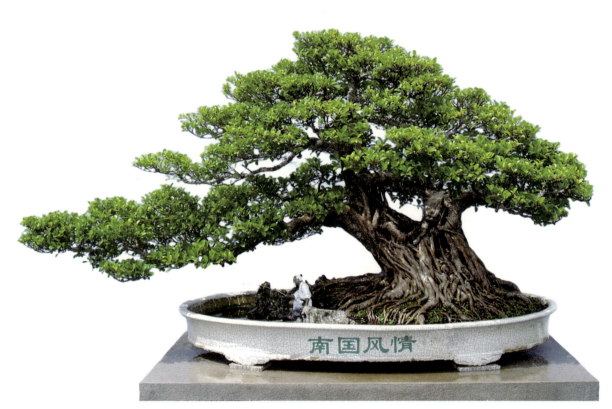

《南国风情》，谢克英作品，榕树，250cm×130cm，鲍家花园收藏

耕耘二十载　枝繁叶茂

中国盆景艺术大师、云南省盆景赏石协会顾问：陆志伟

　　云南气候环境好，适合做盆景的树种资源十分丰富，实至名归之植物王国，是盆景艺术创作的风水宝地。

　　基于这个宽广而辽阔的大舞台，云南省盆景赏石协会成立二十年来，队伍不断壮大，老中青人才济济，盆景佳作层出不穷，取得了长足的进步，收获了很多的成绩，可喜可贺。希望大家继续努力，团结一致，共同研讨交流，互相促进提高，并多吸收年轻爱好者，以增强云南盆景队伍的活力，使盆景艺术后继有人，一代一代地发扬光大，传承下去。

　　期望云南省盆景赏石协会以坚定的信心，持久的恒心，工匠的精心，通过不懈地探索进取，为未来的"盆景世界"带来更加多姿多彩、灿烂辉煌的美好明天。

　　为圆梦理想共同努力吧！

　　祝云南盆景百尺竿头更进一步！

《攀云》，陆志伟作品，红果

期待云南盆景更上一层楼

中国盆景艺术大师、云南省盆景赏石协会顾问：赵庆泉

2004年，应云南省盆景赏石协会之邀，我第一次去昆明做盆景交流，当时云南盆景尚处于起步阶段。随着中国盆景的迅猛发展，云南盆景也在快速崛起，爱好者和从业者队伍不断扩大，各种盆景活动开展得有声有色，技艺水平显著提高，整个发展形势十分喜人。在最近的一些年中，我又多次去云南参加各种盆景活动，并荣幸地担任了云南省盆景赏石协会顾问，见证了云南盆景的这一段发展历程。所有这些成绩的取得自然与全国盆景发展的大环境分不开，但云南省盆景赏石协会的积极推动，无疑居功至伟。

欣悉2020年云南省盆景赏石协会将迎来协会成立20周年庆，并将出版《云岭盆韵》一书，笔者作为协会顾问，谨表示祝贺并对云南盆景的发展提三点建议，以供参考。

正视差距，发扬优势

云南地处祖国的西南边陲，由于种种因素的影响，盆景起步较晚，在人才队伍、技艺水平、精品意识等方面与盆景发达地区尚存有一定的差距。对于这种客观存在的差距，首先应予以正视，这样才能找到突破的关键以及解决的途径与方法，然后踏踏实实，一步一个脚印去缩小差距。

在正视差距的同时，也要找出自身的优势。盆景艺术源于自然，大自然既是盆景人最好的老师，也给盆景创作提供了素材。云南素有"植物王国"之称，有着得天独厚的树种资源优势，同时其自然风景资源也极为丰富。这些都是云南盆景发展的优势，应很好地发扬。

在注重生态保护的前提下，发掘地方树种资源，是云南盆景打造地方品牌、达到后来居上的重要条件。特别要对云南的特色树种进行深入的研究，充分掌握其生长习性、栽培技术及观赏特点，探索不同树种的个性化造型。

自然风景资源也是云南盆景的宝贵优势。云南山川秀丽，景观多样，为盆景艺术的创作提供了丰富的造型依据和创作范本。盆景人走进名山大川，深入观察云南独特的自然山水树木，从中汲取营养，按照自然景观的形态、构造进行盆景造型，可以给云南盆景带来鲜明的地域特色。而云南又是一个多民族的省份，其文化具有多样性和独特性。如果将丰富的民族文化融入盆景艺术创作中，则更有利于形成云南盆景的地方风格。

继续坚持"走出去，请进来"

云南盆景这些年来之所以能有迅猛的发展，与云

南省盆景赏石协会一直坚持"走出去,请进来"的方针,积极参与全国各地的盆景交流活动是分不开的。

盆景艺术的普及与提高贵在交流。交流的最大意义就在于通过比较,找出自己的不足,达到博采众长,补己所短。由于盆景的创作周期很长,一旦走了弯路就会浪费很多时间,因此把握方向尤为重要。通过交流可以了解到各地盆景的发展动态,并从别人的身上学习经验,吸取教训,从而有利于更好地把握发展方向,使自己尽量不走或少走弯路。

云南省盆景赏石协会继续坚持"走出去,请进来"的方针,相信一定会使云南盆景有更大的发展。

重视人才队伍建设

一个地区盆景的发展和提高,在很大程度上取决于当地的盆景人才队伍,尤其是行业的带头人。我们欣喜地看到,目前云南已产生一些盆景的领军人物,他们带动了云南盆景的整体发展。

盆景是一门综合性艺术,它与诗歌、文学、绘画、书法、音乐、舞蹈、摄影、园林等艺术都有着密切的关联。从某种意义上讲,盆景创作的艺术水准最终就是取决于作者的综合素养。

希望云南省盆景赏石协会将建设盆景人才队伍作为重点工作,继续通过培训、展览、表演、比赛、研讨及外出交流等各种形式的活动,促进会员的盆景创作水平、鉴赏水平、理论水平和综合素养的提升,建立起一支高素质的盆景人才队伍。

期待云南盆景更上一层楼,早日走向全国、走向世界。

《高风亮节》,赵庆泉作品,刺柏

花开二十载，果实代代传

中国盆景艺术大师、云南省盆景赏石协会顾问：王选民

首先祝贺云南省盆景赏石协会成立二十周年！同时祝贺《云岭盆韵》的隆重出版！

我非常幸运成为云南省盆景赏石协会的顾问。二十年来见证了云南盆景的发展。回首过去是一个美好的回忆，意在温故而求新，并能以史为鉴从而引发新的思考，促使我们探索未来，推进盆景事业的持续发展！

我们不要忘记在二十年前，是几位有识之士，他们热爱盆景并具有云南盆景发展的前瞻性，当下急需成立盆景协会的必要性！是他们做好了无私奉献的准备，承担了这份义务！是他们齐心协力，锁定目标，坚定信心排除困难！一干就是二十年！这个时候我们应该真诚说一句：谢谢了！云南盆景发展史上会有很精彩的一页！

我们要知道云南省盆景赏石协会是一个精诚团结的协会，多年来坚持良好的工作作风和奉献精神。这在全国各地同类群团组织中可为学习的典范。

我们要记住云南盆景的发展战略是立足本地面向全国，坚持以本省资源为主，兼收外地优良树种。充分发挥利用本地资源优势，从技艺到理论创作，以突显云南特色为主题。二十年来以培养创作人才为重点，"请进来，走出去"，通过举办各种类型的盆景展览和培训学习班，通过参加观摩各地及全国盆景展览来提高协会会员的创作水平，以达到开拓眼界、务实求真的效果！

我真心地祝福协会在新的历史时期和新的形势下不忘初心，继往开来。不纠缠于过去的成绩和得失，寄希望于美好的未来。继续发扬协会的优良作风，抓好人才落实到创作，多出作家，多出精品！

五针松王选民作品，（本照片由中国盆景艺术家协会《中国盆景赏石》提供）

厚积薄发　后来居上

中国盆景艺术大师、云南省盆景赏石协会顾问：刘传刚

刘传刚先生贺词

《天涯劲风》，刘传刚作品，博兰、石英石

日新月异　多姿多彩

中国盆景艺术大师、云南省盆景赏石协会顾问：徐昊

说句老实话，2015年以前，我对云南盆景是一无所知的，只知道云南是一个山高路远的美丽地方，在我的脑子里根本想象不出那边有什么样的盆景存在，平日里也从来没有关注过。

直到2015年的某一天，接到云南省盆景赏石协会太云华秘书长来电，邀请我参加昭通市第五届盆景展，才有幸第一次来到美丽的云南。

当来到展场，第一次直面云南盆景的时候，从内心来讲我是有些诧异的，当地一些多姿多彩的特色树种，令我耳目一新，其中不乏造型精美的优秀作品，尤其云南特产高山柏的制作，更是达到了较高的水平。

接下来的几天里，在省协会和昭通市协会领导的安排下，我们进行了各种形式的技艺交流活动，还参观了多家盆景园，看到了大量非常优秀的盆景素材。返程途中，还受邀去曲靖市参观了郭纹辛的盆景园和曲靖珠江源公园管理处宋有斌管理的盆景园，也看到了不少优秀作品和地方特色的素材。

那次云南之行，使我深深地感受到云南盆景人的淳朴和热情，也对云南盆景有了初步的了解。

云南盆景有着它的历史和传统，"寿"字纹和"花瓶"式造型的盆栽花木制作观赏习俗，自明清流传至今。在一些盆景园中，往往能看到当地生产的带有民俗特色的古旧花盆，偶尔也能看到遗世百年的盆栽，这些实物很好地印证了云南盆景发展的历史，也是云南人爱好盆景的基础。中国盆景复兴以来，云南地区和沿海地区一样，拥有越来越多的盆景爱好者和从业者，盆景文化非常普及。

之后的几年里，我曾先后五次到过云南各地，参加各种盆景交流活动，每到一处，都能接触众多热情的盆景爱好者，看到不少优秀的盆景作品。有些作品虽不太成熟，但从那优秀的素材和熟练的造型手法，是看得见云南盆景未来的。因此，我每次去云南，每次都有新的认识和感受，觉得云南盆景进步较快。我想，这其中起关键作用的，是云南有一个坚强团结的协会组织，有一群勇于担当、乐于奉献的领头人。

云南省盆景赏石协会会长韦群杰先生自己就是一个优秀的盆景艺术家，大约与他所处云岭山水有关，他擅长创作山水盆景，也善于表现水旱盆景，而且还是太极拳的高手，将自我心法融汇于传统太极，独创韦氏太极拳法。他的盆景作品也如他的太极拳，匀和自然，刚柔兼备。

秘书长太云华不仅是个制作盆景的高手，而且下笔成章，文理清新，推广盆景技艺，宣传云南盆景取得的成就，协会日常工作内引外联，不辞辛劳，其付

《天寒红叶稀》,徐昊作品,山槭,95cm×46cm

出是深得盆景人之心的。

协会的其他领导也个个都是行家里手，他们都各尽所能，团结合作，积极奉献，坚守于协会的各项工作。云南省盆景赏石协会有这样一群核心人物带领大家"搭台唱戏"，唱出的自然是一台台精彩好戏！

从我知道的这些年来，云南省盆景赏石协会每年都会搭建各种交流平台。他们充分利用自身的人脉关系和影响力，将业内知名的大师和专家请进来，将国内优秀的盆景作品组织到云南来，开展交流、培训及组织大型的展览活动。即便是一些偏远地区开展的活动，省协会也会帮助邀请行内名家，并不辞辛劳地陪同前往，亲临现场指导工作。他们不仅请进来，还经常有序地组织走出去，参加各种展览交流活动，使得云南的盆景人虽身处高原腹地，却能放眼广大的盆景世界。有着这样一群踏实有为、志存高远的协会领导团队，云南盆景的快速发展进步自然不言而喻。

近几年当中，云南的一些优秀盆景人也逐渐在盆景界崭露头角。韦群杰会长因其出色的盆景艺术造诣，经BCI国际盆栽协会组织评选机构审查认证，被评选为BCI国际盆栽大师。

副会长许万明参加"2017首届CPAA中国（靖江）山水组合盆景国家大赛"，于37名（包括9个国外作家）高手相搏中脱颖而出，获得总共8个奖项中的一个银奖，该评比的含金量非常高，获奖率仅为21%，充分展示了他的创作实力。

杨瀚森先生曾游学于新安，得"庖丁之技"，平素好学善思，胸罗万象，文理贯通，擅以独到的视角分析盆景作品，解读人文内涵，其盆景评赏常见诸于专业刊物，对盆景创作境界的提高是有积极意义的。

昭通小伙陈友贵，就是早年走出去学习的一个典型代表。通过多年的刻苦学习和历练，学得一手好技法，尤其在柏树盆景创作方面功力较深。他参加2017年举办的首届"中国爵——中国盆景作家大赛"，一路过关斩将，于100多名选手中脱颖而出，获得大赛第二名，被授予"中国盆景高级作家"的荣誉称号。由于成绩优异，2018年6月被中国盆景艺术家协会派往波兰，参加"波兰盆栽20周年活动暨黑剪刀国际盆栽艺术节"，代表中国盆景界展示其优秀的盆景创作技艺，以实际行动传播中国盆景文化，这不可不说是云南盆景界的骄傲。

良好的环境氛围，优秀的组织平台，促进了人才的成长，而人才的成长，反过来决定一个行业的高度，对当地盆景行业发展提高的影响是不可小觑的。

当下的云南盆景界不缺视野，也不缺技法，更不缺好的素材。在云南省盆景赏石协会坚强有力、一如既往的组织推动下，他们面向的是全国乃至国际视野，对当今盆景的发展情况是了然于胸的。

在创作技法方面，既能运用岭南的蓄枝截干法，也掌握了北派金属丝蟠扎技法的运用，柏树的舍利雕刻和蟠扎技法已至娴熟。技法是创作的手段，熟能生巧，灵活运用，就能很好地服务于盆景的创作。

云南有着丰富的盆景资源，优秀的特色树种，这些都是盆景发展良好的基础条件。叶如攒珠、干似倔铁的铁马鞭；枝叶细密、花果累累的枸子，是制作中小型盆景的上好材料，也适合小微盆景的规模化商品生产。树干蟠曲、形姿天成的高山柏，老皮斑驳、枝叶飘洒的清香木，叶翠皮白的黄杨木，苍干嶙峋的云南松等等，这些都是极富云南地方特色的盆景佳材。尤其是云南松，老干纹理扭卷，树皮斑块紧密，是我所见松树中树干最漂亮的品种，其缺点是枝疏叶长，若按常规审美取材布枝，欲使其枝密叶短，可能难以达到理想效果。是否可以改变视角，画中取法，以昌硕、白石诸先贤画松之法入景，充分体现其枝干线条的结构变化，以写意的表现手法营造作品形式和内涵的美，我觉得是一个值得尝试的创作方法。

沉下心来，消化吸收他人之长；创新观念，充分利用地方特色树种，创造具有云南地方风格的作品，让云南盆景以丰富的民族文化语言和多姿多彩的形式表现展示在世人面前，这是云南盆景人今后要走的路。

我相信，在云南盆景人的脚下，这条路并不遥远！

云南盆景　方兴未艾

中国盆景艺术大师、云南省盆景赏石协会顾问：张志刚

近三十年来，随着中国经济的迅猛发展、人民生活质量的不断提升，盆景这一高雅艺术逐步走入万户千家，能够拥有盆景从而也成了很多人的梦想。特别是近十年，随着地方政府支持力度的不断加大，专业协会的正确引导，加之网络时代的到来及市场经济的不断催化，中国很多后进省市的盆景发展突飞猛进，达到了前所未有的高度和广度。

云南盆景在十多年前，还名不见经传，但如今已跃入盆景大省之列，大有后来居上之势。为什么云南盆景近些年的发展速度这么快？盆景在云南这么受重视和追捧？我每次去云南参加活动都深有感触，仔细想来，其实不难找到答案——除了经济发展和自然条件之外，主要是人的因素。

云南地处我国西南边疆，植物资源虽然丰富，但盆景发展相对较迟，直至1999年，"世界园艺博览会"在昆明举办，才为云南盆景的发展提供了助力和机遇，当然，这个影响无疑是巨大的，也是史无前例的，它不仅影响了云南，也带动了全国的园艺发展。

1999年夏天，应昆明关上公园杨云坤主任之邀，我陪同恩师贺淦荪先生来昆明，当时是师兄刘传刚先生在昆明关上公园作技术指导。当看到公园内刚修建好的盆景园，陈列着那么多新做的精品盆景时，我被深深地打动了……现在想来，杨云坤主任当年的那个决策，给云南盆景的后续发展带动有多大，恐怕他自己当时也没想到。

当年关上公园的两位年轻盆景技师太云华、谢道乾先生早已成为云南省盆景赏石协会的骨干分子。当年陪同贺老师一起畅游石林的李茂柏老师是后来省协会的创会发起人、秘书长。韦群杰教授是现任理事长、许万明老师是副理事长。

云南盆景之所以在二十年间从无到有，从弱到强，这与省协会一代代主要领导的盆景梦是分不开的，他们大多非官非商，无钱无势，但却因梦结缘，因爱协作，团结进取，无私奉献。将个人的盆景梦发展成为集体的盆景梦，最后再到全省的盆景梦，他们因梦想走在一起，随着队伍不断壮大，共同支撑着云南盆景走过了二十个春秋，与云南全省的广大盆景爱好者书写了云南盆景史上一篇又一篇新的华章。现在有些领导虽然退下去了，但梦还在延续。

历史是人创造的，就因为云南盆景人有着"敢为人先，追求卓越"的盆景精神，才铸就了云南盆景今天的大好局面，希望在云南省盆景赏石协会成立二

十周年之际，借《云岭盆韵》一书表达自己的一些祝愿，衷心地希望云南盆景界的朋友们，坚持本心，着于实践，扩大交流，融合中国传统文化精髓，建立盆景精品意识。

相信不远的将来，云南盆景必将人才辈出，大放异彩！

《高山流水》，张志刚作品，五针松、石灰石

历史已远　唯留回味
——漫话云南盆景

太云华

云南是东西南北各方文化交流的熔炉，中原汉文化、青藏高原文化和东南亚、南亚佛教文化在这里交汇、碰撞，形成了世界上少有的多文化共生带。26个民族在这里繁衍、生息，成为少数民族最多的省份。在云南悠久而多彩的历史长河中，作为一种特殊文化符号的云南盆景，长久以来，深深地融入中华文明之中，传承至今。但限于资料的匮乏以及随着老一代盆景艺人的逐渐离世，云南盆景始于何时？经历了怎样的发展历程？目前已无从考证，这使得云南盆景人的记忆逐渐变得苦涩起来。

本文试图从云南各民族的文化面貌、历史史料中的蛛丝马迹、老一辈盆景艺人的零星回忆，以及释汉文化进入云南与各民族融合发展的历史状况等结合中，来梳理云南盆景的历史渊源，以期勾勒出云南盆景大概的发展脉络。

云南汉文化的历史渊源

早在旧石器时代，云南这块红土地上就燃起了文明的火种。从澄江帽天山发掘的寒武纪古生物化石群落，到轰动国内外考古界的晋宁石寨山"滇王之印"（图1）以及江川李家山古墓群中最具代表性的青铜器"牛虎铜案"（图2），世人被古滇国曾经的辉煌惊呆了：云南并非蛮荒之地。

随着大量反映古滇国社会面貌珍贵文物的发掘，不仅证明了中原文化与西南边疆文化的交融，也证明了云南曾经拥有高度发达的古代文明。然而，在"大一统"的历史背景之下，云南本土文化的发展因汉文化的融入而改变了自身固有的发展轨迹。曾经显赫一时的古滇国文明湮没在了历史的洪流中。

据《史记·平准书》记载，汉武帝时期，中原地区大量移民的涌入，为云南带来了先进的生产工具和生产经验；而汉族官员在云南采取的汉化政策，极大地推进了云南本土文化的汉化速度。

东汉至初唐，政局动荡，朝代更替频繁。为躲避战争，大量汉民族迁入云南。这段时期是云南历史上民族融合、文化转型的时期。经济上，汉民族的迁入带来了先进的耕作方式；文化上，盛极一时的古滇国逐渐走向了衰落。

元、明、清被视为云南历史进程中，最重要的三个时期。在此时期，汉民族的迁入，与当地原著居民杂居在一起，形成了以汉族人口占大多数的多民族融合共生的格局。

图1　"滇王之印"金印，证实了古代滇国存在的史实

图2　牛虎铜案：1972年在中国云南省玉溪市江川县李家山古墓群第24号墓中出土的一件青铜器，为古代祭祀时盛牛羊等祭品的器具

据史料记载，明洪武十五年（1382），朱元璋派征南大军平定云南后，留下沐英率30万军队镇守云南。为稳定在云南的统治，促进云南的发展，明王朝在南京广招工匠，远赴云南屯田垦荒，兴修水利。这些远赴云南的军队及工匠中，有部分官兵带着家属随往，有些官兵则与云南当地人通婚，从此开荒垦地，生儿育女，世居云南。从祖籍关系上讲，现今居住在云南省内的汉族人，大多数都是来自于古代吴越地区，即今天的江浙一带。这从云南汉族人与南京人风俗习惯上的很多相同之处，可以证明。"到明朝末年，汉族移民总数已达300万户左右"。① 大批的汉民族进入云南，为云南经济的勃兴注入了新的活力。

与此同时，"大规模的汉族移民进入云南迅速掀起了儒学传播的高潮，各地广泛建文庙、兴学校、办书院、立社学，儒学在明清统治者的大力提倡下，通过移民中的各个阶层，全方位、大规模地在云南各地传播。随着与儒学思想相适应的生活方式、思维方式、伦理道德、价值取向等流行于云南各地，儒家文化逐渐确立了在云南文化结构中的核心地位，使云南少数民族对汉文化的向心力和认同感大大增强"。② "明成化年间（1465—1487），云南布政使周正巡视澄江，见到当地文化发展的状况，题了一幅对联：文风不让中原盛，民俗还如太古醇。"③

"明代百万移民聚居云南，他们对文化的需求是强烈的。他们毫无疑问地把原生地的音乐、舞蹈、戏剧等民间各种娱乐方式带进了云南。"④ 在1949年以前，云南各县县城，绝大多数都是明朝初年以来修建的。"云南地区的一些主要城镇，已基本赶上了当时中原地区城镇所达到的发展水平，并具有自己的鲜明特色。如城镇与自然山水的巧妙融合、随机自由的平面形态、热闹繁华的街市景观、优美适意的家园环境、技艺精美的城镇标志性建筑等，作为历史的记忆，流传后世，成为今天不可多得的珍贵文化遗产。"⑤

云南盆景的历史沿革

云南虽偏隅一角，但文化脉络的发展在滞后之中却依然与中原汉文化相互融合，息息相通。经过千余年的历史沉淀，留下了极为丰富的中原文化与边疆民族文化交融的遗产。盆景艺术便是其中之一。但遗憾的是，翻遍史料，都无法还原云南盆景的"源"与"流"，我们只能从仅有的零星痕迹和老辈盆景艺人不完整的记忆中，寻得蛛丝马迹。

随着云南的平定和经济生产的逐渐恢复，曾经叱咤风云的祖先们远离了金戈铁马，安居乐业，在寻求物质生活的同时，也开始了精神生活的追求。

纵观史迹，从元明清至民国，云南人对花卉植物的种植、观赏、咏叹，史不绝书。而对某些花卉植物的酷爱，则到了如痴如醉的地步。从成书最早的明朝景泰年间（1450）的《云南图经志》、天启年间的《滇志》，到康熙年间的《云南通志》、雍正年间的《云南通志》，再到民国年间的《新纂云南通志》以及全国性的花卉植物专著，如康熙年间的《御制佩文斋广群芳谱》、道光年间的《植物名实图考》等，均对云南的花卉作了大量记载。

历代地方志中不仅对云南花卉的品种、数量、形态、习性、栽培方法等作了记述，还记载了花卉的外传和引进。如"道光《云南通志稿》记载了福建莆田人从昆明引去茶花，并在当地传种，'开时千朵怒放'。《滇海虞衡志》记载有人把滇兰'载至维扬（今扬州），人争来看，门几如市'。民国《新纂云南通志》记载了'缅桂，此花由安南输入，不瞬十数年'等史事。让人们对昆明花卉的发展变化交流有所了解。""至晚在明中叶以后，昆明就有以茶花供佛的风俗，并有专门供应此类花卉的园丁；而至晚在清代中叶，昆明就有了两类花农，一类为专供广大市民季节性用花的花农，一类为专供各级政府和达官贵人用花的花农"。⑥

透过上述史料，我们可以看到，由于独特的地理环境和优越的气候条件，种花、赏花、食花、咏花等习俗早已深入了云南百姓的日常生活中，并为盆景在云南的兴起、发展提供了特定的基础背景和历史条件。

政治经济方面：明初以来，大批汉民族进入云南，为云南经济的发展注入了新的活力，社会安定，

---

① 林超民：《林超民文集》，云南人民出版社，2008年出版，第189页。
② 周智生：《明清汉族移民与云南少数民族和谐共生》，刊于《光明日报》2010年4月27日第12版《理论周刊》。
③ 杨海涛：《沐英与云南：说说云南明朝那些事》，云南教育出版社，2012年出版，第51页。
④ 杨海涛：《沐英与云南：说说云南明朝那些事》，云南教育出版社，2012年出版，第51页。
⑤ 杨海涛：《沐英与云南：说说云南明朝那些事》，云南教育出版社，2012年出版，第47页。
⑥ 李坚、李建恩：《历代云南方志中的昆明花卉》，刊于《昆明花卉史话》第12、13、14页，昆明市政协文史学习委员会编，云南美术出版社，1999年。

人们安居乐业，花卉闲事进入了人们的日常生活。

文化方面：儒家文化的传播，使云南文化与中原文化趋于一致，并"逐渐确立了在云南文化结构中的核心地位，使云南少数民族对汉文化的向心力和认同感大大增强。"

传统习俗方面：早在元代，云南优越的气候自然条件、花卉植物资源和种植习俗，早为人们所注目。明万历年间（1573—1620）任云南参政的福建长乐人谢肇淛在其《滇略》卷四《俗略》中，便记载了当时云南全省性的花街（市）民风已达到了相当的规模。《滇略》的记载，从另一方面说明了云南各地的"花街（市）"可以追溯到明万历年间甚至更早。

自然资源方面：云南植物种类异常丰富，在全国25000种高等植物种类中，云南就占了一半还多。19世纪末，便被欧美人士盛赞为"植物王国""植物学家的金库"和"园艺学家的乐园"。"清代康熙《广群芳谱》中更有云南好多种观赏植物的记载，道光年间的吴其濬所著《植物名实图考》一书里更详细地描述了他所搜集的云南的多种植物，该书至今仍是较有价值的云南植物分类学工作的参考文献"。⑦

虽然在大量的史籍中，记载了云南各种花卉植物的栽培历史，但遗憾的是，由于史料的欠缺，我们无从知道当时盆景在云南的具体情况，也无法确定盆景在云南的兴起和发展缘由。我们只能从上述史料和云南政治经济、文化、传统习俗、自然资源等方面以及仅有的零星痕迹和老辈盆景艺人不完整的记忆来推断：盆景在明朝初年，亦或明中晚期，便在云南大地上初步兴起，并经数百年的探索和历代盆景艺人的辛勤耕耘、发展，得以传承下来。从创作形式上来说，除"平面图案式"（图3）、"立体图案式"（图4）、"文字型"（图5）等规则式盆景外，较普及、较常见的还有"古枯桩景"（图6）、"蟠根式盆景"（图7）、"以膨大根茎为主景的桩景"、"附石桩景"、倒栽竹盆景以及象形盆景（图8）等形式；从创作材料上来说，除了桃桩、梅桩、紫薇、贴梗海棠、滇罗汉松外，还有含笑、树萝卜、倒栽竹、杜鹃、迎春、金雀、倒挂金钟、黄杨、云南榕等材料；在制作风格上，虽然带有浓郁的地方色彩，但在许多方面，却有着明显的、浓厚的中原文化色彩，特别是蜀文化色彩。

位于四川广汉南兴镇的"三星堆'祭祀坑'中还发现过滇国墓葬中最常见的'宽边玉镯'（三星堆发掘简报定名为'玉瑗'）和大量海贝。说明滇文化和巴蜀文化曾有过频繁接触，两种文化之间的关系也较密切"⑧从四川都江堰离堆公园里保存至今1300余年的紫薇花瓶（图9）、紫薇屏风等，我们依稀可以看到云南盆景的身影。

在云南盆景的漫长发展过程中，尤以昆明地区和通海地区最具代表性。

"昆明"一词的出现，可追溯到汉武帝时期，而作为地名的出现，则是在唐朝。昆明位于云南省中部偏东北，云贵高原中部，山环水抱，风光明媚、气候温润，是最适宜各种动植物生长、花卉栽培的地区，也是人类理想的居住、旅游之地。从两千多年前的"南方丝绸之路"到今天开放时尚的昆明，一直是东亚大陆与中南半岛、南亚次大陆各国进行经济贸易往来以及政治、文化联系的枢纽。从史料中可以看到，昆明花卉栽培已历数世沧桑，"花枝不断四时春"便是其真实的写照。

如今，昆明黑龙潭公园的唐梅、宋柏，诉说着幽幽流走的千年时光；昆明昙华寺公园那充满着禅意色彩的优昙花以及安宁曹溪寺、晋宁盘龙寺的元代、明代山茶花。数不尽苍老而又鲜活的古树名花，便是昆明花卉、树木栽培悠久历史的最好见证。

当历史的车轮驶入1900年后，云南盆景的身影逐渐显露出来。辛亥革命后，在云南督军兼省长唐继尧，昆明市政公所（昆明市政府前身）督办张维翰、昆明市市长庚恩锡，园艺书画大师赵鹤清等人的大力推动下，促进了全市园林、花卉盆景的建设和发展。

据"云南省盆景专家"、昆明市大观公园退休职工徐宝先生介绍：庚庄（民国时期，昆明市市长庚恩锡位于大观公园南面的私家花园）的设计既有云南山石的特点，又有中国传统赏石的"瘦、透、皱、漏"风格（图10）。园内有若干旱石盆景，即在石头后面有植物长出，很是生动。

1957年，年方31岁的徐宝（图11）进入昆明大观公园，专门负责大观公园及大观楼周边私家花园内的

---

⑦ 冯国楣原著、李德仁改写：《云南植物调查采集的历史回顾》，刊于《昆明花卉史话》第20页，昆明市政协文史学习委员会编，云南美术出版社，1999年。

⑧ 张增祺：《滇国与滇文化》，云南出版集团公司、云南美术出版社，1997年出版，第325页。

图3 平面图案式盆景,《中国结》局部,和学军作品,迎春

图4 立体图案式盆景,《华灯高照》,白忠作品,紫薇

图5 "文字型"盆景——寿,贴梗海棠,袁锡章作品;现藏于昆明市大观公园

图6 古枯桩景,又称枯木逢春式

图7 蟠根式盆景,又称悬根露爪式盆景;阚庆余作品,罗汉松

图8 象形盆景《小提琴协奏曲——梁祝》,杨世绕作品,云南榕

图10 "彩云崖"大型假山，民国十九年，昆明市市长庾恩锡将大观楼辟为公园，省主席龙云视察公园，"嘱鹤清垒石为山，名曰彩云崖"

图9 四川都江堰离堆公园里保存至今1300余年的紫薇花瓶

图11 主编人员寻访时年93岁的"云南省盆景专家"徐宝先生

花卉园艺、盆景等工作。"把地主老财留下的奄奄一息的花卉、盆景，通过换土施肥搞好"（徐宝语）。

1920年1月，云南督军兼省长唐继尧在省会警察厅长兼云南市政公所督办黄实的"具文呈请核示"后，认为开办花朝会，是"珍重地方名胜，振兴人民观感"的措施，乃于同年4月举办了"第一届花朝大会"，这是省内由官方主办的第一次花会，让昆明人赏花习俗由民间节日走向了官方主办。

昆明市政当局和警察厅原计划每年举办花朝会，但由于省内风云变幻，1921年的官办花朝会没有举行。

1922年，时任云南省警务处处长兼省会警察厅厅长的朱德，倡议"启发观感，振兴市廛"，向省方呈请：在新建的昆明云津市场举办花会。同样因为省内局势突变，花会也未办成。

1923年，随着局势的稳定，市政督办张维翰和市政公所有关人员着手筹办花市。弃用花朝旧名，定名"昆明市花木展览会"的花会在南城外公园举行，这是近代昆明最成功的一次盛会，花展持续半个月。为增进参观者对花木的兴趣和园艺知识，场内附设园艺图书阅览室、园艺器具陈列室、盆景馆和书画馆，向参观者介绍花木栽培、品种改良及供应之地。花木展期间，参观者络绎不绝，把展馆挤得水泄不通。展会的成功，促进了《昆明市公园管理规则》的颁布实施，并在市政公所设置了园艺科。

"同年8月，以'研究学术、力谋园艺发达'为宗旨，研究果树、蔬菜、花卉、造园及其相关科学为范围的昆明市园艺研究会正式成立。会员一共13人，张维翰被推举为会长，对本市园林建设作出贡献，时任翠湖公园经理的园艺家、云南名书画家赵鹤清为副会长"。⑨

此后昆明的主要花市,逐渐迁移到近日楼外,"每天清晨有不少昆明郊区的农妇挑着鲜花,来到近日楼一带叫卖。她们身穿青衫,头顶罗帕,用束束鲜花来装点老昆明人的生活。端午节、中秋节和春节的花市比平常更为热闹,许多养花人家将绑扎成'福、禄、寿、喜'字样的花卉盆景摆出来,免费供人观赏、交流。花卉的品种有茶花、兰花和栀子花等几十种,一首《竹枝词》这样唱道:卖遍茶花杜鹃血,香云穿出碧鸡坊"。⑩

这一时期,花会、花市的不断出现,滇池周边私家园林如雨后春笋般的建设,堪称昆明园林、花卉盆景的黄金时期。至今生长、保护得比较好,曾是民国时期云南省府政要私家花园内的几件龙柏盆景,便是此期作品(图12)。

奥古斯特·费朗索瓦(1857—1935),法国人,中文名字方苏雅,喜欢摄影、游历、考察。1899年,方苏雅任驻云南府(今昆明)名誉总领事兼法国驻云南铁路委员会代表。在云南五年的时光里,方苏雅将目光所及之处尽量凝固在影像里。

方苏雅拍摄于1899年的这张照片(图13),是时任云南府厘金局(相当于现在的税务局、海关)局长的太太,其身后的盆景无意间为我们留住了历史的真实。

除昆明外,虽然明朝时"楚雄、大理、保山、建水、曲靖等地的社会文化与风俗习惯,已与中原没有多大的差别了"。⑪但我们却无法求证到上述几个地区盆景传承、发展的线索。而作为滇南重镇的通海,却在云南盆景的发展传承中占据着重要的地位。

素有"秀甲南滇"和"礼乐名邦"之美誉的通海,是大理国的发祥地。古来成风,文脉绵延,从两汉至唐宋都可找到她的文化根系,是一座充满文化色彩的边地儒城。在历史的进程中,留下了大量的人文景观和自然景观。通海人家家养花、户户植兰,久负盛名。堪称"秀山三绝"的宋朝古柏、元朝香杉、明朝玉兰闻名遐迩。直到今天,仍然遗风犹存,古韵依旧。沐英在平定云南带兵进入通海时"设置庄头,修筑城池,铁木工匠随之到达。"随着时光的流逝,通海的手工业得到了较大的发展和提升,这从今天通海的精品刀剑便可窥一斑。

1962年6月8日,朱德委员长故地重游通海秀山时留下了"此地文物胜,花桩百样殊。幽人养兰芷,留有数千株"的赞誉(图14)。花桩,通海民间对盆景的称谓。

光绪年间,通海的盆景艺术在民间蔚然成风。素材上多以桃桩、梅桩、樱桃、紫薇、罗汉松为基础,采用老而朽的桃桩、梅桩等通过修琢处理,栽培成活,在桩顶萌发的新枝上,嫁接观花品种,使之开出美丽的花朵,焕发青春。从真正意义上做到了枯木逢春(图15),令时人叹为观止。桩材的来源是山野或果园枯老还有生机的淘汰老树。制作风格上,典型地具有苏派、川派等地区的痕迹。最具代表性的莫过于阚氏所作的盆景,用罗汉松制成悬崖式、提根式盆景;用梅桩、银杏、紫薇等制成"福禄寿喜、福如东海、寿比南山、鸟语花香"等吉祥字样的"文字型"盆景。

在通海盆景的历史长河里出现过很多的盆景艺人,除阚氏园艺一直传承至今外,民国时期的李子忠父子,中华人民共和国成立前后的周家富,60年代的林家瑞等都具一定的代表性。

此外,在丽江我们也寻觅到了盆景的点滴踪影。照片的主人桑岳生(1878—1958),丽江人,被美籍奥地利学者约瑟夫·洛克赞誉为最能代表纳西民族钓鱼、养花、遛鸟、鹰猎文化最烂漫的大地之子。从照片中可以看到,照片的左、右上方均有盆景摆设(图16),这说明丽江地区也有着悠久的盆景历史,并可依稀地辨认出照片左上方的盆景植物应为云南松。

遗憾的是,1937年抗日战争爆发后,随着国民政府的南迁,国立北京大学、国立清华大学和天津私立南开大学由长沙临时大学以及一些机关团体先后迁入昆明,同时难民也如潮水般地涌入昆明,造成了"物价一日三跳,有如脱缰的野马"(西南联大蒋梦麟)。"据统计,到1943年下半年,物价比1937年涨了404倍。"⑫以至于国学大师陈寅恪先生慨叹到"日食万钱难下箸,月支双俸尚忧贫。"⑬

---

⑨ 万揆一:《民国时期昆明的花卉与花市》,刊于《昆明花卉史话》第47页,昆明市政协文史学习委员会编,云南美术出版社,1999年。
⑩《逝去的影像追忆近日楼》昆明信息港,2009-02-17,来源:《昆明信息报》"混在昆明"栏目。
⑪ 杨海涛:《沐英与云南:说说云南明朝那些事》,云南教育出版社,2012年,第29页。
⑫ 胡定邦:《西南联大纪市(两篇)》,刊于《绝檄移栽 茄吹弦诵》第4页,昆明市政协文史委员会编,云南出版集团、云南人民出版社,2019年。
⑬ 胡定邦:《西南联大纪市(两篇)》,刊于《绝檄移栽 茄吹弦诵》第5页,昆明市政协文史委员会编,云南出版集团、云南人民出版社,2019年。

图12 龙柏盆景，民国时期的作品

图13 倾城美妇女，昆明

图14 朱德《夏日访通海》诗

图15 云南传统盆景：枯木逢春式

图16 桑岳生，照片的左、右上方各有盆景摆设，说明丽江地区的盆景历史悠久，可以辨认出左上方为云南松盆景

由于局势的动荡不安，经济的一落千丈，生活的艰苦异常，昆明官办花市自然停办。战后，官办花会已不常见，而民间的自发花会，却未间断，一直持续到50年代初。

盆景在云南的发展、传承，一方面，由于昆明、通海特殊的地理位置和经济贸易往来及文化、政治、军事等因素的影响，使得昆明、通海成了云南盆景发展、传承相对集中的两个地区。了解这两个地区的盆景发展状况，便对云南盆景的发展、传承有了一个大概的脉络。

另一方面，由于云南是一个高原山区省份，地貌类型复杂，山高谷深、高差悬殊；地势险峻、起伏不平。面对地理上的破碎性和复杂的自然环境，造成了云南各地区域间的通达性较差，内外联系与交往都十分困难。这在客观上限制了云南与全国先进地区的学习、交流，同时也限制了云南省内的学习、交流。主观上，"立体化"的地势，将云南分割成了一个个相对封闭、独立的小型生态区域所形成的"坝子文化"，严重地阻碍了人们的视野，消磨了人们的创作激情。

危机意识不足，竞争意识不强，思维上的封闭保守，文化和视野上的局限，导致了云南盆景较中原地区和沿海地区的发展缓慢、落后，但其原生性却保留得较好。正所谓"问今是何世，乃不知汉，无论魏晋。"

"文字型"盆景在云南盆景中的发展

谈到云南盆景，"文字型"盆景则是一个绕不开的话题。

由于"文字型"盆景的历史文献较为罕见，我们对"文字型"盆景的起源及发展过程缺乏详细的论证。但有一点可以肯定的是：明朝以前，"文字型"盆景便具有较成熟的创作水平和较高的普及程度，并在云南盆景的发展历史中留下了一段民族历史和民族精神的独特记忆。直到今天，云南很多地区都还能寻得它的踪迹，捕捉到它的影子。

现存于昆明大观公园内的"文字型"——"寿"字紫薇盆景（图17），其作者已无从知晓。据"云南省盆景专家"徐宝先生介绍，该盆景树龄近300年，是目前已知云南现存最古老的"文字型"盆景。

据"云南省盆景专家"白忠先生考据：当时在昆明地区盆景发展中有着较大影响的盆景制作技艺，应为昙华寺盆景制作技艺的一脉相传。

昙华寺，位于昆明市东郊2km处，始建于明崇祯年间（1628—1644），因园内一株优昙树（实为云南山玉兰，树龄至今已300多年）而得名。原为明代光禄大夫施石桥的别墅，崇祯年间其曾孙施泰维捐赠改建为寺，清道光年间（1821—1850）地震后重修，是一座仿江南古典园林的公园。

"该寺不以香火旺盛著名，却以'寺僧善莳花'成为一座远近闻名的寺院。"⑭这一切，不能不归功于该寺的历代住持。特别是映空和尚（1866—1922）继任住持后，将寺院内的所有空地开辟为花圃，诵经之余，精心培育，使一座郊野古刹"花茂芬馥浓郁，遂以善艺花名于滇中"，成为昆明禅院名寺。

20世纪90年代末期，白忠先生曾三次造访民国时期昆明地区影响较大的苏家花园后人苏润先生（时年80岁）。苏润先生的曾祖父苏莲科、祖父苏荣一直在昙华寺内为花匠，进行盆景的制作。除"文字型"盆景、"平面图案式"盆景的制作外，还进行三台柏树树桩盆景的制作。后建有苏家花园，有自制《苏氏盆景技谱》两本，包括白忠先生家传承下来的《白氏盆景技谱》，都应是昙华寺盆景技艺的延伸。

除苏莲科外，王德才、白嘉祥、袁锡章以及通海的阚光廷等尤具影响力。

王德才是苏莲科的儿女亲家，白嘉祥的义父。天赋极高，精于云南山茶、杜鹃、梅花等名贵花木的栽培技术和繁殖技术。盆景技法纯熟，桩景造型结构严谨，在传统的端阳节赛花会上屡获殊荣，其"福如东海、寿比南山"曾获唐继尧银质奖，并受到龙云、何少周、高直清等民国时期省、市政要的重视。保存有《苏氏盆景技谱》临摹本一本（图18）。

白嘉祥（1910—1986），昆明市拓东路白塔巷人。值得一提的是退休后，老人用大叶女贞为素材，制作出双条"寿"字"文字型"盆景，开创了用常绿树种制作"文字型"盆景的先河，并自创软枝造型技法，少见传世作品（图19）。

袁锡章（生卒暂无考），昆明市大西门人，与白嘉祥为同行好友，建有袁家花园。多以贴梗海棠、梅花、碧桃为材料制景（图20），传世之作流传较多。中华人民共和国成立后进入中国科学院昆明植物研究所工作，后到西双版纳热带植物园至谢世。

现居住在昆明安宁太平的云南省中医医院65岁退休职工陈云华先生，收藏着一盆"寿"字盆景（图21），

---

⑭ 张新树：《因花得名昙华寺》，刊于《昆明花卉史话》第105页，昆明市政协文史学习委员会编，云南美术出版社，1999年。

素材为杏梅。据悉，1949年前，该盆景陈设于黑土凹国民党水电试验所（现在的云南省林业厅种苗站），后辗转间被时年20岁的陈先生收藏。该盆景疑似为袁锡章所作。

阚光廷，通海人，生于光绪十年（1885），幼小因病失聪。青年时代对花卉栽培及盆景制作的热爱到了痴迷的地步，在花桩嫁接上自创了一种剥皮留芽接法，养护得当，当年就可观花，使人心旷神怡、自然放松。

图17　文字型盆景《双寿》，作者不详，材料为紫薇，现藏于昆明市大观公园

图18　王氏字谱"寿""海"

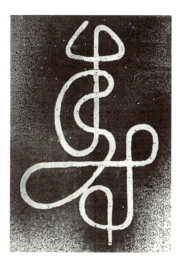

图19　白氏字谱"寿"

图20　"文字型"盆景"寿"，贴梗海棠，袁锡章作品，现藏于昆明市大观公园

图21　"文字型"盆景"寿"；杏梅，陈云华收藏

紫薇和罗汉松多是以悬根露爪的自然大树形及悬崖式,或者制作成"文字型"盆景等。用紫薇制作的"文字型"盆景大多销往省城昆明,其中一件得意之作是用蔷薇科苹果属的海棠蟠扎成"寿"字并嫁接成花红(北方称沙果)的作品,在民国初年远销香港,一时成为佳话。20世纪60年代后,阚氏传人阚斗生(图22)、张仲辉师兄二人一个在秀山公园,一个在县文化馆,专业养花弄盆景。师兄二人相互交流探讨,把通海盆景推向了一个新的高峰,并传承至今,具有较大的影响。

受吉祥文化的影响,"文字型"盆景作为一种特定历史条件下的民族情感和思想的独特艺术手法,得以充分完善的表现。除了人们一般常见的"福如东海、寿比南山""鸟语花香"等祝寿祈福造型题材外,还有"龙飞凤舞""佛"(图23)、"清风明月"等其他少量的"文字型"盆景。其造型依据事先设计好的字模,选取所需的幼小植株,边生长边弯曲边蟠扎,直至制作成所需的字形。选取的植株多是贴梗海棠、紫薇、梅桩(图24)、桃桩、三角梅、罗汉松等,一般在植株落叶、休眠时进行。因落叶后,枝干无遮挡,易于造型,且不会伤害植株的生长。造型完成后,为保持主干的美观,仅留顶端枝叶,字形根部及干身上的枝叶、萌芽需及时抹除,以免影响字形的观赏。

造型过程中,植株的形体结构必须吻合中国书法的点线美、结体美、章法美、风格美和内容美,从而展现出一幅让人心旷神怡的艺术作品,充分体现了中国书法的艺术魅力和中华民族传统吉祥文化的深厚意蕴。

"文字型"盆景在云南的分布,除昆明、通海外,还有保山、大理、丽江等地,至今仍有人在制作流传。

图22　2016年10月15日,主编人员到通海县财神街55-6号,寻访阚氏后人——阚斗生(前排右2),前排居中者为省协会老秘书长李茂柏先生

图23 "文字型"盆景"佛",王健作品(通海),清香木

图24 "文字型"盆景"龙",梅花,作者不详,现藏于昆明市大观公园

"文字型"盆景的渊源

在中华民族发展的历史长河中,各类祝寿祈福题材一直大行其道,"文字型"盆景便是其中之一。作为一定历史时期,民族情感和思想的独特艺术手法,盆景艺人创造性地将中国书法和盆景艺术融合于一体,且构思巧妙,文字与图像相互映衬、合二为一,实为罕见,体现了人们祈福平安、长寿、祥瑞、吉庆的心理因素。然而,翻阅史料,到目前为止,"文字型"盆景在国内还没发现有史料的记载。这不能不令人感到遗憾。

若说过去是遗失了,史家的记载中没有为我们留下直接的佐证,倒是从《东方的青花瓷器》一书中可以寻出丝许线索。因了这一线索,亦可见"文字型"盆景的发展水平和普及程度。

早在20世纪50年代,英国著名的中国艺术品藏家与学者哈里·加纳爵士(Sir Harry Garner)在其所著的《东方的青花瓷器》(Oriental Blue and White)一书中指出:"当时人们所偏爱的一种设计是把桃树主干卷曲成一个'寿'字,象征长寿。"虽然短短的一句话,却是目前对"文字型"盆景难得的文字记载(图25)。此类青花瓷器作品在台北故宫博物院和大英博物馆均有收藏。

"当时"指的是嘉靖(1522—1566)时期,这一时期的嘉靖皇帝崇尚道教,各类祝寿祈福题材大行其道,极具时代特色。青花瓷器"寿"字纹饰既有"福寿康宁"的美好寓意,又独特地表现了嘉靖时期这个道教王权的艺术与文化,寄托了时代的面貌和民族的信仰。

"青花瓷器由于其青花发色鲜艳而总是倍受人们的青睐。"而青花瓷器"福禄寿喜"(图26)字纹饰的普遍出现,从另一方面也佐证了"文字型"盆景在明朝以前,就发展到了相当的规模,也可看出其成熟和普及程度。

查看现状,除云南地区尚有人能制作这类盆景外,在国内其他地区,历史上,这类盆景也有出现。

现存于成都都江堰离堆公园屏长4.2m、树龄长达1300余年的紫薇屏风(图27),分别由紫薇、银薇、翠薇共同编制,中留门洞,有"寿"字,可惜在20世纪六七十年代"寿"字被人为损毁。

华南农业大学人文学院农史研究室名誉主任、广东农史专家周肇基先生在谈广州盆景时,也曾提到:在明清朝时期,还有用铁线绑扎成"福、禄、寿、喜"等字样或鸟兽的吉庆造型。

但"文字型"盆景为何在中原地区逐渐衰落了,这其中究竟有着怎样的原因?

(1)门派观念较强。门派壁垒森严,保密性极高,且无文字记载。门派之间大家的交流皆来自于门派纷争或狭路相逢,而学艺一旦进入某门派,一生就要为门派的复兴而奋斗,而且很难再去学到其他门派的技艺。

(2)字形太少,技法太难。由于当时的历史条

图26 明嘉靖时期的青花瓷器——"寿"和"福"

图25 《东方的青花瓷器》书中的图版，葫芦瓶（嘉靖时期，带有嘉靖年号，不列颠博物馆藏，高44.5cm）

图27 屏长4.2m，树龄长达1300余年的紫薇屏风

件，决定了从业者普遍的文化基础欠缺。资讯封闭，主要传播途径是由盆景艺人言传身教，凭心而记，无文字记载。加之"文字型"盆景蟠扎技艺要求高且时间较长，传承中存在着一定的局限性，造成了"文字型"盆景技艺的神秘莫测、流传不广。

（3）审美的提升。"文字型"盆景的特点是规则、对称和工艺化。这样的盆景在意境上比较单调，在造型上不但模式化，而且人为痕迹太重，缺少变化，满足不了人们不断增长的新鲜情感和审美追求的欲望。因此，打破"文字型"盆景固定的形式约束，追求自然流畅，不落俗套，趋向自然、真实，典型地反映自然风貌和风土人情，贴近环境，富有生活情趣的自然式盆景逐渐代替了"文字型"盆景。

（4）战乱。政局动荡，战乱频繁，致使生灵涂炭，百姓流离失所，繁华的城池变为废墟。兵荒马乱的动荡社会，黎民百姓性命不保，衣食无着，即使喜爱文化艺术，也不会有更多的心情附庸风雅。战争是对和平的毁灭，连同与和平相连的时尚。

而在云南，"文字型"盆景之所以保留并传承到今天，跟它大山阻隔、交通闭塞、发展滞后、远离战乱等地理位置密切相关。

"文字型"盆景，逐渐淡出了时间的长河，仅仅存在于人们的记忆里。今天，我们梳理、回顾历史，并不意味着保护过去、维持旧的功能。我们必须历史地、辩证地看待传统，绝不能用今天的标准，把传统一棍子打死。

值得欣慰的是，在今天的云南，还有着这样的一群人，如昆明大观公园的徐宝先生（图28、29）、昆明连云宾馆的刘忠礼先生、昆明市政府苗圃的林石友先生、昆明震庄宾馆的张跃昆先生、富民的王靖增先生（图30至图33）、通海的阚斗生先生和王健先生（图34至图39）、丽江的和学军先生（图40）以及保山、腾冲、大理、丽江等各地的"文字型"盆景守护者。不管外面的世界如何变化，他们始终沉浸在自己的世界里自得其乐，他们也许与时代脱节，但"文字型"盆景更多地走进了他们的内心，成为了一种内心的表达，他们守护着被我们逐渐淡忘的初心，孤独而坚定地前行，这些都是这个时代弥足珍贵的财富。

在漫长的岁月中，还有无数被尘封的"文字型"盆景守护者，这里展示的只是寥寥几位而已……

图28　文字型盆景"山"，徐宝作品，罗汉松，高70cm

图29　文字型盆景"寿"，徐宝作品，罗汉松，高60cm

图30　文字型盆景"清"，王靖增作品，紫薇，高60cm

图31　文字型盆景"风"，王靖增作品，紫薇，高60cm

图32　文字型盆景"明"，王靖增作品，紫薇，高60cm

图33　文字型盆景"月"，王靖增作品，紫薇，高60cm

图34　文字型盆景"鸟"，王健作品，清香木，树高50cm

图35　文字型盆景"语"，王健作品，清香木，树高40cm

图36　文字型盆景"花"，王健作品，清香木，树高43cm

图37　文字型盆景"香"，王健作品，清香木，树高50cm

图38　文字型盆景"春"，王健作品，小石积，树高66cm

图39　文字型盆景"福"，王健作品，清香木

图40　平面图案式盆景"中国结"，和学军作品，迎春

云南盆景发展的历史长河中，今天仍能找寻到"文字型"盆景传承下来的实物，而其他类型的盆景实物却鲜有出现，这便导致了"文字型"盆景便是"滇派盆景"的认识误区。其实，"文字型"盆景仅仅只是云南传统盆景中的一个类别罢了。对此，大家可能会很不以为然。可是，我们一直希望大家能够以客观的态度去认识云南盆景，并将其梳理清晰，才不至于造成学术上的模糊与混乱。不然的话，你很难理解云南厚重的历史文化和云南盆景的历史渊源。

很多时候，我们会发现这样一个有趣的现象，"发源地往往不是发达地。发达地出土丰厚，一片辉煌，而发源地却总是一片沉寂"。⑮

结束语

历史所积淀的不仅仅是故事，更承载着厚重的文化。不论从历史典籍中翻寻，还是从人文典故中考证，亦或是老一辈盆景艺人零星的回忆中，我们试图找寻到云南盆景的"源"与"流"。然而，遗憾的是，由于史料的缺乏，研究难度较大，研究者主要依据零星的史料、回忆和口述资料来梳理、讨论。亲历者和当事人的记忆又多有出入，关于一些史实，特别是细节的叙述也不尽一致。至于种种未经证实的说法，在坊间更有不少流传，这更增加了研究的难度。

此文未能考证出云南盆景的"源""流"，也没能较详细地分析出其背后的内涵和缘由。我们无法从历史的长河中找寻到云南盆景归属的力证，这份无根的失落，多多少少令云南盆景人在面对现实时显得非常无奈。

云南盆景，是历代云南盆景艺人辛勤耕耘的产物，同时也是千百年来与中原地区和其他地区文化交流的结果。虽然带有浓厚的地方色彩，但在许多方面却深受中原文化和其他地区文化的影响。其研究，是一个大课题，需付出艰辛的劳动和严谨的态度。我们期待着云南盆景研究能有更大、更新的突破，也期待着更多的仁人志士进一步研究、查证，并找寻到有力的佐证，以便修正、补充、完善。

历史已远，留下的是无尽的回味。我们只希望将来的云南盆景，能成为激励后人奋进的一个文化符号，在缅怀先人之际，能激发更多的踌躇壮志。

参考文献

1. 周智生．明清汉族移民与云南少数民族和谐共生［J］．光明日报，2010，49（12）．
2. 杨海涛．沐英与云南：说说云南明朝那些事［M］．昆明：云南教育出版社，2012．
3. 林超民．林超民文集［M］．昆明：云南人民出版社，2008．
4. 张增祺．滇国与滇文化［M］．昆明：云南美术出版社，1997年．
5. 王文光，尤伟琼，张媚玲．云南民族的历史与文化概要［M］．昆明：云南大学出版社，2014．
6. 昆明市政协文史学习委员会．昆明市花卉史话［M］．昆明：云南美术出版社，1999．
7. 昆明市政协文史委员会．绝檄移栽笳吹弦诵纪念西南联大建校80周年［M］．昆明：云南人民出版社，2019．
8. 石玉顺，冯子云，谢长勇．中华历史文化名楼大观楼［M］．北京：文物出版社，2012．
9. 杨克林．寻芳深处——大观楼周边老昆明私家花园探秘［M］．昆明：云南人民出版社，2014．
10. 李韵葵，石玉顺．山与城的守望昆明圆通山史话［M］．昆明：云南人民出版社，2016．
11. 阿夏，肖桐．黑镜头昆明晚清绝照［M］．北京：中国文联出版社，1999．
12. 杨四龙，桑增光．丽江鹰猎文化［C］．丽江市鹰猎文化保护传承协会编．2012．
13. 哈里·加纳．东方的青花瓷器［M］．叶文程，罗立华，译．上海：上海人民美术出版社，1992．
14. 江苏阳光生态农林开发公司．中国草书盆景［M］．北京：中国林业出版社，2008．

---

⑮ 王海涛：《昆明古代花考》，刊于《昆明花卉史话》第3页，昆明市政协文史学习委员会编，云南美术出版社，1999年。

敢为人先　追求卓越
——云南省盆景赏石协会发展记

太云华

题记：人们走过的每一个足迹，都是自己生命的留言；留给今天翻过的日历，留给未来永久的历史。

云南，位于中国西南部，山川壮丽，风光秀美，气势磅礴。寒带、温带、亚热带、热带植物种类全省均有分布。19世纪末，便被欧美人士盛赞为"植物王国""植物学家的金库"和"园艺学家的乐园"。26个民族在这里繁衍、生息，成为少数民族最多的省份。

在云南悠久而多彩的历史长河中，作为一种特殊文化符号的云南盆景，自兴起后，便在这块红土地上，经历代盆景艺人数百年的探索和辛勤耕耘，一路走来，传承不断。

中华人民共和国成立后，云南盆景进入了新的发展时期

1949年，中华人民共和国成立后，在"百花齐放""推陈出新"的方针指引下，全国各地积极推动文化资源共建共享，活跃基层群众文化，改善文化民生，许多旧时的盆景老艺人纷纷进入园林部门和单位花圃从事花卉盆景的管理工作，云南盆景进入了一个新的历史发展时期。

1. 20世纪50～80年代

1954年2月，昆明市文教局在昆明翠湖公园举办了中华人民共和国成立后的第一次花展，"举办花展，一来是丰富市民的文化生活，让大家在节假日到公园能欣赏到五彩缤纷、绚丽多姿的花卉；二是展示园艺工人为绿化大地美化环境而辛勤劳动的成果。比如大家所看到的一些桩景或盆景，就是按照花木自身的基本形态，经过园艺技工多年的不断修枝、整型、管养，才会成为摆在人们面前的名山大川、风光览胜的浓缩，成为一种独特的文化，一种高雅艺术品。"（《昆明花卉史话》：昆明市政协文史学习委员会编，云南美术出版社，1999年。赵榴：《建国后的昆明花展》，第60页）

20世纪60、70年代，云南盆景受时局的影响，一度走入低谷。机关、厂矿、学校内摆设的盆景送往公园或自行移栽地面，且由于管理养护的原因，造成了不可弥补的损失。但在民间，盆景的传承活动仍在悄然进行，为云南盆景延续着血脉。期间，昆明地区除袁锡章、白嘉祥、苏润外，阚庆余、徐宝以及通海地区的阚氏园艺、李子忠父子、周家富、林家瑞等也是这一时期的代表性人物。

阚庆余（1914—2000），云南省通海县人，1949年前在昆明大道生纱厂从事花卉园艺工作，1949年后进入昆明市工人文化宫从事花卉园艺工作，多以古梅桩、古桃桩、罗汉松为材料制景，尤擅制作"蟠根式又称悬根露爪式"盆景（图1），其蟠根高度达到30cm以上。作品造型自然、盘根错节、穿插自如，如蛟龙出水、时隐时现，传世之作多保存在昆明市文化馆（今昆明文庙）内。

图1　云南罗汉松蟠根式（悬根露爪式）；阚庆余作品，现收藏于昆明文庙

徐宝（1926—），昆明市官渡区人，1956年被昆明市文化局录用，专门从事花木盆景工作，先后在近日公园和大观公园花圃从艺30余载（图2）。其间，不但为公园制作了大批树桩盆景，而且通过他的精心养护，使得近300年的紫薇双条"寿"文字型盆景和前辈艺人袁锡章所创作的"寿比南山、福如东海"部分"字"以及一些年代久远的桩景保存至今。云南省盆景赏石协会于2005年9月授予其"云南省盆景专家"的荣誉称号。

1979年10月，为传承菊花传统园艺文化，昆明市园林局在圆通寺举办了大型菊花展。名贵的菊花品种和独特的菊花造型吸引了众多市民参观，盛况空前。这是全国工作重心转移后的第一次大型花展。在其后的1980年6月、1981年2月，昆明市园林局又分别在圆通寺举办了百花展，展会除单位组织参展外，社会各界个人也积极携带作品参加花展。

1982年，昆明市园艺学会在昆明市文化宫广场举办大型花卉展，盆景再次出现在花展上。随着云南花展及全国各地频繁的花卉盆景展影响，人民群众的精神需求也日益高涨，云南盆景迎来了新一轮的发展。

在广大盆景爱好者的共同努力下，1982年经上级机关批准，成立了隶属于昆明市园艺学会的昆明市花卉盆景协会。孙瑜先生任首届会长，尹四昆先生任秘书长。

昆明市花卉盆景协会以及全省各地盆景协会、花卉盆景协会的相继成立，使全省盆景爱好者群体与日俱增、活动频繁。各级协会先后组织参加了全国盆景评比展览、全国花卉博览会以及中国盆景理论研讨会等。

此间，白忠、陶志明、林石友、张跃昆、刘忠礼、西南林学院盆景研究会的杨福成、王红兵、尹五元、韦群杰、薛嘉榕、王友林等是这一时期的代表性人物。

白忠（1942—2016），生于昆明市盆景世家，1965年大学毕业后分配到国家科学技术工业委员会工作，1990年调入云南轮胎厂从事科技情报翻译和研究工作。由于受家庭的熏陶，工作之余，潜心于植物科学的探索和研究。在继承传统的基础上，白忠先生大胆创新，于1986年底创作完成的大型"立体图案式"紫薇盆景《炎黄瓶》（图3）连同另一代表作《华灯高照》被原昆明市关上公园收藏。云南省盆景赏石协会于2005年9月授予其"云南省盆景专家"的荣誉称号。

1985年9月25日至10月25日，由中国花卉盆景协会（1981年12月在北京成立，1989年改组为中国风景园林学会花卉盆景分会）在上海虹口公园举办的"第一届中国盆景评比展览"上，林石友先生的观茎叶（倒栽竹）盆景、张跃昆先生的观茎叶（倒栽竹）盆景和观茎叶（树萝卜）盆景分获三等奖。

图2 文字型盆景《福》字，徐宝作品，罗汉松，高60cm

图3 立体图案式盆景《炎黄瓶》，白忠作品，紫薇，现收藏于昆明市官渡森林公园

1987年4月28日至5月7日，由中国花卉协会主办的"第一届中国花卉博览会"在北京中国农业展览馆举行，这是中华人民共和国成立以来的第一次全国性大型花卉盛会。白忠先生创作的大型"立体图案式"紫薇盆景《炎黄瓶》荣获最佳蟠扎奖。

1989年9月25日至10月15日，中国花卉盆景协会（中国风景园林学会花卉盆景分会的前身）在武汉群芳馆举办的"第二届中国盆景评比展览"上，西南林学院盆景研究会韦群杰先生的山水盆景作品《荡气回肠》（图4）荣获一等奖；尹五元先生的作品《柳暗花明》（图5）荣获二等奖；王红兵先生的作品《万水千山总是情》（图6）荣获三等奖。

1989年9月26日至10月3日，经云南省花卉协会推荐，昆明市武成小学青年教师陶志明先生（图7）参加了在北京中国农业展览馆，由中国花卉协会、北京市花卉协会联合举办的"第二届中国花卉博览会"，其盆景作品《绿云飘逸》《山寨幽趣》分获三等奖。

随着云南盆景人的"走出去"，一方面，开阔了视野，对云南盆景技艺的提高、盆景艺术的发展方向起到了积极的推动作用；另一方面，使人们逐渐对云南盆景有了初步的认识和了解。

2. 20世纪90年代

进入20世纪90年代后，云南盆景新人、新作大量涌现。昆明市官渡区公园管理处（原昆明市关上公园管理处）、原昆明市园林局东郊苗圃、云南CY集团李茂柏，云南省建筑机械公司职工陈培来、钟林，昆明铁路局职工张云坤、旃勇，昆明市第一中学孙忠、洪雨川，昆明市西山区祤金龙等单位和个人以及楚雄地区的程庆贵、杨利德，蒙自地区的高光明、刘华东，曲靖地区的吴沛民、李炳贵，昭通地区的谭永林纷纷加入盆景爱好者群体，对盆景艺术进行大力推广、宣传，给云南盆景带来了更大的生机和活力。

1990年11月，陶志明先生的2件作品照片入选由中国盆景艺术家协会组织的"中国盆景精品图片展"。

1991年5月，陶志明先生参加由中国盆景艺术家协会在北京组织的"振兴中华杯"盆景精品展览大赛，其水旱盆景作品《晚晴》荣获二等奖。

1994年5月10日至30日，中国风景园林学会花卉盆景分会（原中国花卉盆景协会）在天津市水上公园举办"第三届中国盆景评比展览"，尹五元先生作品《云涌江流》（图8）、张云坤先生作品《白云盘中一青螺》（图9）、旃勇先生作品《天际归舟》（图10）分获三等奖。

1994年，为规范社团登记，"昆明市花卉盆景协会"更名为"昆明市园艺学会花卉盆景分会"。

1997年4月，昆明市官渡区公园管理处（原昆明市关上公园管理处）参加中国花卉协会在上海市长风公园举办的"第四届中国花卉博览会"，盆景作品荣获一个三等奖，一个优秀奖。

图4 《荡气回肠》，韦群杰作品，云纹石，全国第二届盆景评比展览一等奖

图5 《柳暗花明》，尹五元作品，汤泉石，全国第二届盆景评比展二等奖

图6 《万水千山总是情》，王红兵作品，汤泉石，全国第二届盆景评比展三等奖

图7 陶志明先生在"首届中国国际盆景会议"上与中国盆景艺术大师胡乐国先生合影

1997年10月，由中国盆景艺术家协会在广西桂林举办的迎香港回归——"香港杯"全国盆景根雕奇石艺术大赛中，原昆明市园林局东郊苗圃许万明先生作品《明山秀水》（图11）、孙祥先生作品《小憩》（图12）分获二等奖。

1999年4月30日至10月31日，以"人与自然——迈向21世纪"为主题的"世界园艺博览会"在昆明成功举办。世界聚焦云南，百业瞩目园艺，这是中国举办的首届专业类世博会，也是云南园艺界百年难遇的大事、喜事。在盆景专题展览活动中，不仅以图片、文字形式介绍了中国盆景艺术的发展、流派，而且展出了来自全国各地的盆景艺术精品，更云集了各路盆景界高手。

走进昆明世界园艺博览会（图13）的云南盆景人好像发现了新大陆，惊叹中国盆景艺术如此巧夺天工、博大精深。正是这一届展览，让世界认识了云南，同时也让云南盆景人真正地认识了中国盆景艺术。

'99世界园艺博览会的成功举办，极大地推动了云南旅游产业、会展产业、花卉产业的兴起和发展进

图8 《云涌江流》，尹五元作品，云纹石

图9 《白云盘中一青螺》，张云坤作品

图10 《天际归舟》，旃勇作品，汤泉石

图11 《明山秀水》，许万明作品，千层石、真柏，80cm×50cm

图12 《小憩》，孙祥作品，千层石、地柏，80cm×50cm

图13 昆明世博园盆景园一角

程，也直接促成了云南盆景事业一次大的飞跃。在博览会期间及此后的时间内，对云南盆景事业发展所产生的有形和无形的影响，是极其深远的。

1999年4月，为迎接中国'99昆明世界园艺博览会的召开，云南省花卉协会与昆明市官渡区公园管理处（原昆明市关上公园管理处）在昆明翠湖畔的农展馆（今云南省科学技术馆）联合举办了"刘传刚盆景艺术个人专题展"（图14）。这是全国著名盆景艺术家的作品首次在云南展出。翠湖畔的专题展结束后，作品移至昆明市官渡区公园管理处（原昆明市关上公园管理处）继续面向社会开放展出，直到世博会开幕后方才结束。

1999年5月，昆明市官渡区公园管理处（原昆明市关上公园管理处）盆景作品在"中国'99昆明世界园艺博览会"盆景专题展览上荣获1个银奖，1个铜奖。

1999年11月，中国盆景艺术家协会在福建厦门中山公园举办迎澳门回归"99澳门杯全国盆景花卉精品展览"，昆明市官渡区公园管理处（原昆明市关上公园管理处）组织了昆明地区部分盆景爱好者的作品参加展览。其中：昆明市官渡区公园管理处（原昆明市关上公园管理处）盆景作品荣获二等奖1个、三等奖1个；韦群杰先生作品《云岭颂》（图15）荣获二等奖、《回归》荣获三等奖；孙忠先生作品《岁寒卧龙》（图16）荣获二等奖；祸金龙先生作品《阅尽人间春色》（图17）荣获三等奖。

在积极参加各类盆景展览活动的同时，云南盆景人亦注重盆景艺术理论的学习与探索。

1991年5月，陶志明先生参加了中国盆景艺术家协会在北京组织召开的"首届中国国际盆景会议学术讨论会"。

1991年11月，原昆明市园林局东郊苗圃许万明先生、昆明铁路局廖惠宇女士、云南路南县马自荣先生、徐贵云女士、云南开远高永寿先生等5人参加了由中国盆景艺术家协会、中国花卉盆景杂志社、北京林业大学园林系在江苏苏州联合举办的"第五届园艺与盆景艺术培训班"。

1991年7月至1994年12月，在云南省科学技术委员会、云南省教育委员会及西南林学院科学技术处的

图14 "刘传刚先生盆景艺术个人专题展"移至原昆明市关上公园继续展览

图15 《云岭欢歌》，韦群杰作品，汤泉石

图16 《岁寒卧龙》，孙钟作品，地龙柏，120cm×70cm

图17 《阅尽人间春色》，祸金龙作品（三等奖），铁马鞭，飘长110cm

大力支持下，由杨福成、王红兵、尹五元、韦群杰、薛嘉榕、王友林等组成的"云南盆景植物资源开发利用研究"课题组在3年多的时间里，共采集、装订和鉴定云南盆景植物标本150多种，计300余份。拍摄各种盆景植物及各地盆景图片500余幅，从全省各地采挖、收集各类野生盆景植物计40科88属138种，并撰写了《云南盆景植物资源开发利用研究报告》（图18）一文，为进一步开发利用这些宝贵资源打下了坚实的基础。

1994年5月，西南林学院尹五元先生、昆明铁路局张云坤先生、旃勇先生参加了中国风景园林学会花卉盆景分会（原中国花卉盆景协会）在天津市水上公园举办的"第三届全国盆景艺术研究班"的学习。

1994年9月，昆明市官渡区公园管理处（原昆明市关上公园管理处）解道乾先生、孟昆先生圆满完成了中国盆景艺术家协会、中国花卉盆景杂志社在江苏常州联合举办的"第八届园艺与盆景艺术培训班"的学习任务。

1995年9月，昆明市官渡区公园管理处（原昆明市关上公园管理处）再次派出李倬槟女士等3位职工参加了中国盆景艺术家协会、中国花卉盆景杂志社在山东淄博联合举办的"第九届园艺与盆景艺术培训班"学习。

从1988年到1996年，中国盆景艺术家协会、中国花卉盆景杂志社共联合举办了九届全国"园艺与盆景艺术培训班"，培训全国各地学员1000余人，先后有58位大师、专家、学者为培训班授课。期间云南省有25位盆景爱好者分期参加了培训班的学习。

1995年7月4日，昆明市第一中学高级教师洪雨川先生在《中国花卉报》发表论文《地貌学与山水盆景》，并在昆一中劳动技能课堂上，常年为学生开设了花卉盆景制作课程。为云南省农业学校、云南省信息职业学院园艺班、昆明理工大学老年花卉盆景协会讲授盆景多年，开启了云南盆景艺术理论与实践相结合的先河。其创新系列作品"自动滴灌式壁挂盆景"（图19）在2003年9月26日被云南省科学技术厅、云南省知识产权局、云南省科协、云南省总工会、云南省发明协会联合评为"云南省优秀发明创造选拔赛三等奖"，并于2002年7月17日申请了国家专利。云南省盆景赏石协会于2005年9月授予其"云南省盆景艺术家"荣誉称号。

1999年8月26日，云南省花卉协会再次与昆明市官渡区公园管理处（原昆明市关上公园管理处）联合，在风光旖旎的滇池畔举办了"首届云南省园艺与盆景艺术研讨会"（图20）。来自云南各地近百名盆景爱好者第一次近距离地感受到了中国盆景艺术大师贺淦荪先生的迷人风采和中国盆景艺术的独特魅力。

20世纪90年代以来，在业余盆景爱好者群体日益壮大的同时，全省各地相继建立了盆景园，如昆明市园艺学会花卉盆景分会与安宁玉龙湾风景名胜区联合建立的盆景园、昆明万能驾校培训中心盆景园、昆明市政府机关盆景园与昆明柯大园林公司的盆景园、原昆明市园林局东郊苗圃盆景园，昆明西苑盆景园等，其最具代表性的是昆明市官渡区公园管理处（原昆明市关上公园管理处）。

1999年1月，为迎接"'99昆明世界园艺博览会"的召开，中国盆景艺术大师刘传刚先生亲临昆明市官渡区公园管理处（原昆明市关上公园管理处）规划、指导，在公园原有的基础上进行补充、完善、提升，着力打造专题类盆景公园。全园以突出盆景为主题，新建有山水树石园（图21）、树木盆景园、综合精品园等设施，共陈设云南省各类树木、山水、树石盆景千余盆（件）。中国风景园林学会花卉盆景赏石分会副理事长韦金笙先生、中国盆景艺术家协会秘书长张世潘先生，中国盆景艺术大师贺淦荪、胡乐国、赵庆泉、王选民、陆志伟、谢克英等先后亲临该园指导、传授技艺及举行专题讲座，并对该园给予了高度的评价和肯定。该园成为集中展示云南省盆景艺术特色和对外交流的窗口，亦是全省盆景创作的示范基地以及学习、探讨、研究的中心。昆明市官渡区公园管理处（原昆明市关上公园管理处）在1999年12月成为中国盆景艺术家协会理事单位。

20世纪90年代期间，云南盆景艺术群众性之广、发展之迅猛、专业性之强，空前未有，为"云南省盆景赏石协会"的成立奠定了坚实的基础。

3. 21世纪00年代

面对20世纪90年代全省盆景事业的迅猛发展，风雨浸润的云南盆景人，为确立专业化发展的先进理念和寻求云南省盆景事业的更大发展，自1998年起，便开始积极筹建云南省盆景协会。新千年到来之际的2000年1月23日，"云南盆景艺术协会"筹备会议（图22）在昆明市万能驾校召开，协会的成立，正式提上了议事日程。

2000年6月9日，"云南盆景艺术协会"（图23）在昆明市万能驾校正式成立。成立大会上，云南省民政厅社团处负责人宣读了《关于同意云南省盆景艺术协会登记的批复》（云民社字〔2000〕37号文）。云南省建设厅、云南省兰花协会、云南省花卉协会、昆明市园艺学会等相关负责人参加了成立大会，并对协会的成立表示热烈的祝贺。

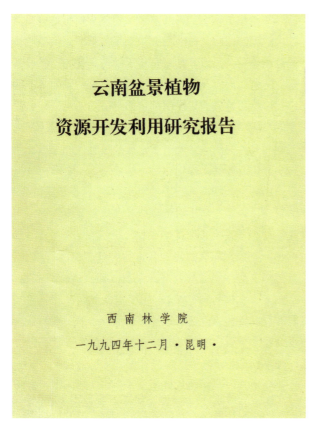

图18 《云南盆景植物资源开发利用研究报告》

图19 自动滴灌式壁挂盆景——《临水幽趣》，洪雨川作品，地柏

图20 首届云南省盆景艺术研讨会

图21 中国盆景艺术大师刘传刚先生亲笔题写的"山水树石园"

图22 "云南盆景艺术协会"筹备会议在昆明万能驾校召开

图23 "云南盆景艺术协会"成立大会在昆明万能驾校举行

大会宣读了中国盆景艺术大师贺淦荪先生、全国著名书画家孟兰亭先生分别代表湖北、河南盆景界发来的贺信、贺词。

大会选举尚开伟先生为理事长，孙瑜先生为第一副理事长，李茂柏选先生为秘书长，林石友、韦群杰、郭玉枝、杨云坤为副理事长，康灵、许万明、张跃昆为副秘书长。

聘请付珊仪、韦金笙、贺淦荪、孟兰亭、黄国良、冯国楣、魏兆祥、朱象鸿、彭曾胜、徐宝、杨宇明、卢开瑛为协会顾问。

2003年6月4日，经协会研究决定并报请业务主管单位云南省建设厅同意，登记管理机关云南省民政厅批准，"云南盆景艺术协会"正式更名为"云南省盆景赏石协会"。

云南省盆景赏石协会的成立，打破了云南盆景"散打"的局面，经过几代人的无私奉献和艰辛努力，协会从无到有，从小到大，组织逐步建立完善。发展至今，已有会员1000余人，除昆明地区外，会员分布昭通、曲靖、宣威、会泽、罗平、丽江、鹤庆、大理、德宏、楚雄、玉溪、通海、华宁、蒙自、建水、弥勒、丘北、马关、禄劝、武定、易门、贵州威宁等地区。

通过组织、参与全国盆景重大活动，不断提高协会的影响力

云南省盆景赏石协会成立后，"请进来教、走出去学"的发展理念和工作方法便始终贯穿于云南省盆景赏石协会的发展之中。

"请进来"划重点、解难题。标清重点，指明发展方向，解决云南盆景发展过程中面临的普遍性问题和重点疑难问题。

"走出去"学先进、学技艺。实地考察，扩大交流，拓展视野，取长补短，借助"他山之石"，提高创作技艺。

1. 理论探索

盆景艺术是实践性很强的学科。加强艺术理论的探索，既能提高盆景爱好者的素质，也能提高盆景爱好者的创作能力。

2000年7月，王红兵、谭端生合编的《盆景艺术与制作技法》（图24）由云南科技出版社出版，这是云南省出版的第一部盆景专著。

2004年5月，"第三届中国盆景学术研讨会"在武汉举行，省协会李茂柏、许万明、吴沛民、张跃昆参加了学术研讨会。

2008年8月，《云南盆景赏石根艺》（图25）正式出版，这是云南省盆景赏石协会成立以来，集盆景、赏石、根艺为一体的第一部专著。该书荣获第十七届（2008年度）中国西部地区科技图书三等奖。

2008年11月，"第四届中国盆景学术研讨会"在扬州举行，省协会尚开伟、许万明参加了学术研讨会。

2013年7月，由中国盆景艺术大师王选民、刘传刚先生担纲主讲的"云南省第二届盆景艺术研讨会暨盆景赏评会"在西南林业大学召开。时隔14年后召开

图24　王红兵、谭端生合编的《盆景艺术与制作技法》

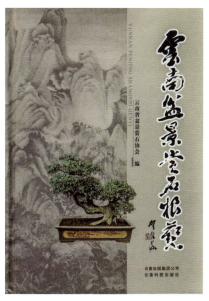

图25　《云南盆景赏石根艺》

的云南省第二届盆景艺术研讨会,成为云南盆景发展的"引擎",由此带动云南盆景走向全国,融入中国盆景艺术发展的大潮中。

2015年10月,中国盆景艺术大师王选民先生从"盆景的学习方法——师古人、师今人、师自然";"关于造型技法的学习、章法";"盆景艺术表现的法则";"关于中国书画理论的借鉴"等方面,在"2015年云南盆景艺术培训班"盆景艺术专题讲座上,向来自云南、广东、湖南、贵州、重庆等地的132名学员倾情相授。学员既有两鬓斑白的耄耋老人,又有风华正茂的年轻人,还有巾帼不让须眉的业界女杰。

2017年8月,来自福建、广东、广西、四川、重庆、贵州以及云南等11个省(自治区直辖市)的232名盆景爱好者相聚在"无额不匾、无楹不联、无壁不诗"的秀山脚下,与中国盆景艺术大师徐昊先生在"2017年云南盆景艺术培训班"上,共享了一场盆景艺术的饕餮大餐!徐昊先生结合自己30余年来的创作经验和中外盆景名家名作,与学员们分享了中国盆景艺术的文化内涵以及盆景创作的造型理论、创作心得与方法。

"长风破浪会有时,直挂云帆济沧海。"2019年1月12日云南省盆景赏石协会在素有"匾山联海""山林诗苑"美誉的通海秀山脚下,组织举办了为期一天的"云南省盆景艺术大师、高级艺术师、艺术师素质提升班"。提升班上,太云华先生、丁红华先生、韦群杰先生分别作了《同心跨越,逐梦未来》《摄影入门》《盆景与礼仪》的专题讲座。

2019年11月,"第八届中国盆景学术研讨会"(图26)在重庆举行,省协会太云华、胡昌彦参加了学术研讨会。

2. 活动的开展与参与

从2000年9月举办的"首届云南省(关上公园)盆景艺术评比展"到2018年"第八届云南省(世博园)盆景艺术评比展";从2015年1月"2015年昆明(斗南)中国盆景精品邀请展暨云南赏石根艺展"到2019年7月"2019年国际盆景协会(BCI)第三届中国地区委员会会员盆景精品展暨中国盆景精品邀请展",云南盆景无论数量、种类以及发展方向和技艺水平等方面,都进入了空前的发展时代。

2000年9月25日至10月10日,"第一届云南省(关上公园)盆景艺术评比展"(图27、28)在昆明

图26 参加"第八届中国盆景学术研讨会"

图27 "首届云南省盆景艺术评比展"开幕式后嘉宾合影

图28 李炳贵获奖作品《不老人生》,铁马鞭

市官渡区公园管理处（原昆明市关上公园管理处）举办，这是云南省盆景赏石协会成立以来的第一次全省性专业展览。来自昆明市、曲靖市、楚雄州、红河州、文山州等11个州市区县的单位和盆景爱好者共335件作品参加展出。

2001年5月15日至6月5日，中国风景园林学会在苏州虎丘风景区举办了"第五届中国盆景评比展览"（图29、30），以李茂柏为团长的云南省盆景赏石协会代表团、以许万明为团长的昆明市园林局代表团、以吴沛民为团长的曲靖老干花协代表团分别组团参加展览。这也是云南省盆景赏石协会成立以来首次组织参加的全国性专题盆景艺术展览，三个代表团共获得5银9铜的成绩。

2001年9月，昆明市官渡区公园管理处（原昆明市关上公园管理处）参加了中国盆景艺术家协会在成都武侯祠组织的"2001蜀汉杯中国盆景艺术作品精品展"（图31），解道乾先生作品《空谷幽林》（图32）荣获银奖。

2002年8月15日至20日，"第二届云南省（蒙自）盆景艺术评比展览"（图33、34）在蒙自市体育馆举办，本次展会邀请中国盆景艺术大师胡乐国先生担任主评委。这是云南省盆景赏石协会邀请中国盆景艺术大师在全省性专业展览中担任评委工作的开端。

2004年5月1日至10日，"第三届云南省（大观公园）盆景艺术评比展"在昆明市大观公园举办，中国风景园林学会花卉盆景赏石分会副理事长韦金笙先生、中国盆景艺术大师赵庆泉先生担任评委工作。展会期间韦金笙先生作了盆景艺术讲座（图35），赵庆泉先生作现场创作表演（图36）。

2004年10月1日至10日，组织参加中国风景园林学会在福建泉州举办的"第六届中国盆景评比展览"，获得4银12铜的成绩。

2005年9月6日，杨云坤、许万明、解道乾参加中国盆景艺术家协会会员代表大会，并到北京植物园参观、学习同期举办的"亚太地区第八届盆景赏石会议"。

图29　"第五届中国盆景展览"上，省协会部分参展人员与中国风景园林学会花卉盆景分会副理事长兼秘书长付珊仪女士（前排左四）合影留念

图30　"第五届中国盆景展览"上与中国盆景艺术大师刘传刚夫妇合影

图31　"2001蜀汉杯中国盆景艺术作品精品展"，解道乾、太云华作中国盆景艺术大师赵庆泉先生现场表演的助手

图32　《空谷幽林》，解道乾作品

图33 "第二届云南省盆景艺术评比展"在蒙自市体育馆举行

图34 "第二届云南省盆景艺术评比展"期间，胡乐国先生作盆景艺术讲座

图35 韦金笙先生作盆景艺术讲座

图36 赵庆泉先生作现场创作表演

2008年8月1日至6日，"第四届云南省（昭通）盆景艺术评比展"（图37）在昭通市体育馆举办，中国盆景艺术大师胡乐国先生（图38）再次受邀担任主评委工作。展览期间举行了云南省盆景赏石协会第三届理事会的换届选举工作。

2008年9月29日至10月6日，组织参加中国风景园林学会在江苏南京举办的"第七届中国盆景评比展览"（图39、40），获得1银9铜的成绩。

2012年10月3日至7日，"第五届云南省（曲靖）盆景艺术评比展"在曲靖市龙潭公园举办，展览期间举行了云南省盆景赏石协会第四届理事会的换届选举工作。

2012年10月20日至27日，"第八届中国盆景评比展览"在陕西安康举办，由于当时云南省盆景赏石协会正在进行换届选举和举办"第五届云南省（曲靖）盆景艺术展览"，故未组织参加展览。

第四届理事会换届以来，理事长团队秉承"创新与融合，突破与超越"的思路，团结一心，开拓进取，铸就了"敢为人先，追求卓越"的云南盆景精神。特别是在副理事长彭晓斌、苏跃文、周宽祥、王金龙、吴康等大力支持下，协会积极组织举办各类有影响、高质量的全国性和区域性的盆景艺术展览活动，使得云南盆景艺术进入了前所未有的发展时期。

2014年5月1日至7日，"第六届云南省（世博园）盆景艺术评比展暨首届昆明（世博杯）中国盆景精品邀请展"在昆明世博园举办。

2015年1月15日，"2015年昆明（斗南）中国盆景精品邀请展暨云南赏石根艺展"在昆明市呈贡区斗南"花花世界"拉开了帷幕。展览上既有来自全国名家、新手创作的新作品，也不乏在全国展会上露过面甚至拿过大奖的作品。无论新的还是老的作品，踏上云南这片红土地都是第一次。展场上佳作荟萃，大师云集，场面火爆。展览期间，来自全国各地的盆景爱好者40余人参加现场创作比赛，可谓首开先河，场面宏大，意义深远。

2015年5月29日，云南省盆景赏石协会与云南省专门从事古董、艺术品拍卖及艺术品经营的高端艺术会所——云翰雅集，首次联手将青花瓷、盆景两大中华传统文化同台推出。旨在通过多种渠道，搭借多方平台，推动云南省盆景艺术的发展和盆景艺术在不同阶层人士中的普及、宣传，为云南盆景的发展之路作了新的探索。

图37 "第四届云南省盆景艺术评比展"现场

图38 胡乐国先生对顾发光先生的盆景作品进行点评

图39 "第七届中国盆景评比展览"开幕式

图40 "第七届中国盆景评比展览"颁奖仪式

2015年10月17日,"2015年昆明(世博杯)中国盆景精品邀请展"在昆明世界园艺博览园举行。中国盆景艺术大师赵庆泉先生在开幕式上指出的:时隔9个月,这里又举办了西南、华南七省市盆景精品邀请展,可见云南盆景发展的态势之猛。这对于促进各地盆景文化交流与合作,提升云南盆景技艺水平,将起到重要的推动作用。

2016年5月1日,"2016年昆明(世博杯)中国盆景艺术大师、名人名园作品邀请展"在昆明世界园艺博览园举行。94件重量级的大师力作做客云南,为云南盆景爱好者提供了一个零距离感受大师艺术精神和气质的最佳机会。

云南省盆景赏石协会在全国盆景界首开先河,第一次独家打造如此强势的全国性大师级作品专场展会,其分量与意义不言而喻。中国盆景艺术大师赵庆泉先生在开幕式中指出:"重温中国盆景艺术大师、名人、名园的经典作品,展示了中国盆景三十多年来取得的成就,对于全面提升云南盆景艺术的技艺水平和鉴赏水平,促进云南与全国各地盆景的交流与合作,必将起到重要的推动作用,进而对中国盆景的全面发展做出积极的贡献。"

同年8月13日至19日,"第七届云南省(通海)盆景艺术评比展"在通海县孔庙举办,展会期间举行了中国盆景艺术家协会"云南(通海)会员活动中心"授牌仪式,这是中国盆景艺术家协会会员中心落户云南的首家县级活动中心。

同年9月,来自国际盆景赏石协会(BCI)荣誉主席苏义吉先生、第一副主席郑慧莹女士以及美国、德国、加拿大、印度、日本、马来西亚和中国台湾地区的国际盆景赏石协会(BCI)理事会代表团一行相聚在美丽的滇池之滨——昆明艺贤堂,参加了国际盆景赏石协会(BCI)中国地区委员会(云南)交流中心的揭牌仪式。

两个活动中心挂牌仪式的举行,标志着云南盆景事业迈上了一个新的台阶。

2016年9月30日至10月7日,组织参加中国风景园林学会在广东番禺举办的"第九届中国盆景评比展览暨首届国际盆景协会(BCI)中国地区盆景展",获得5银6铜的成绩。韦群杰先生应组委会邀请在开幕式上进行了现场创作表演。

2017年4月12日，"2017'滇韵·花魂'黑龙潭盆景书画精品展"在昆明黑龙潭公园举行，展会将盆景艺术与书画、诗词等艺术完美结合，为云南盆景界人士与不同艺术领域人士的交流与合作提供了新的平台。

2017年5月1日，"2017年昆明'世博杯'中国盆景精品邀请展"在昆明世界园艺博览园盆景园成功举办。从彩云之南到东海之滨；从云岭高原到岭南大地；从金沙江到长江；从南盘江到珠江，一衣带水的云南省盆景赏石协会、广东盆景协会、上海市盆景赏石协会、泉州市盆景赏石协会共建友好协会，携手一道，共同描绘一幅无与伦比的盆景发展蓝图。

2017年，韦群杰先生受中国风景园林学会花卉盆景赏石分会的邀请，在"2017年沭阳县山水盆景创作培训班"上担任山水盆景课程的主讲老师。

2017年11月19日，中国盆景艺术家协会在江苏靖江举办"首届中国（靖江）山水组合盆景国家大赛暨首次2017中国（靖江）山水组合盆景全国邀请展及黑剪刀国际论坛"。许万明先生代表云南省盆景赏石协会参加了此次大赛，其现场创作的水旱盆景《翠林风景线》荣获银奖。

2017年12月4~5日，云南5位选手陈友贵、罗春祥、王志远、张国琳、龚学智参加了由中国盆景艺术家协会主办的"中国爵——中国盆景作家国家大赛活动"，云南选手陈友贵一举夺得大赛第二名。罗春祥、王志远、龚学智、张国琳在全国130名参赛选手中，分别位于第48名、第67名、第72名、第90名。

2018年8月11日至17日，"第八届云南省（世博园）盆景艺术评比展"在昆明世博园举行。展会期间，云南省盆景赏石协会首次举办了"云南省盆景艺术创作大赛"，从40后到80后年龄跨度的62位选手，统一比赛时间、统一比赛素材、统一编号抽签，同台竞技，力求让更多的优秀人才脱颖而出，解决云南盆景"有高峰，缺高原"的局面。

同年9月，云南盆景赏石协会应邀组织前往广东省中山市灯都古镇参加"2018国际盆景协会（BCI）中国地区委员会会员盆景精品展暨中国盆景邀请展"，收获了1金4铜的好成绩。其中，王昌先生的清香木作品《只手擎天》获得云南树木盆景在全国盆景展中的首枚金奖。

2019年2月18日，"2019年首届女盆景师作品展"在杭州玉泉景点开幕，云南省盆景赏石协会收获了3个铜奖。这对云南盆景而言，标志着女性盆友逐渐走向了前台。

2019年4月30日，由中国盆景艺术家协会主办的"2019全国小微型盆景展暨中国·如皋盆景交易大会"在江苏如皋举行，展会上魏兴林先生的参展作品荣获1个金奖、1个银奖。

"文化精神是一座城市的灵魂，文化遗存则是一座城市的影子。"2019年7月11日，由国际盆景协会（BCI）中国地区委员会、昆明市人民政府、中国风景园林学会花卉盆景赏石分会联合主办，昆明市城市管理局、云南省盆景赏石协会、盆景乐园组办，昆明市大观公园承办以"传承中国传统文化，建设世界春城花都"为主题的"2019年国际盆景协会（BCI）第三届中国地区委员会会员盆景精品展暨中国盆景精品邀请展"在昆明市大观公园庾家花园举行。

开幕式上，除了云南省、市的有关领导外，几乎都是中外盆景界的翘楚：国际盆景协会（BCI）、世界盆景友好联盟（WBFF）、亚太盆景友好联盟（ABFF）三大国际组织的主席、中国风景园林学会花卉盆景赏石分会、国际盆景协会（BCI）中国地区委员会、世界盆景友好联盟（WBFF）中国地区委员会的主要负责人、日本、韩国、中国香港地区、中国澳门地区、中国台湾地区、盆景乐园网站以及国内18个省（自治区、直辖市）盆景协会的负责人出席了开幕式。真可谓高朋满座，大腕云集。

开幕式后，中外盆景艺术大师：世界盆景友好联盟（WBFF）主席林塞·贝博先生、韩国盆景大师金锡柱先生、日本盆栽协会公认讲师吹田勇雄先生、中华盆栽作家学会理事长、BCI国际讲师罗民轩先生、中国盆景艺术大师田一卫先生、张志刚先生、吴德军先生联袂进行现场创作表演。

本次展会，包括中国香港地区、中国澳门地区、中国台湾地区在内的全国18个省（自治区、直辖市）295件盆景佳作惊艳亮相。云南省盆景赏石协会挟东道主之利，在本次展会上取得了2金14银23铜的好成绩。其中魏兴林先生的云南本土素材枸子作品《大地情怀》、解道乾先生的云南本土素材鞍叶羊蹄甲作品《万壑树参天》荣获金奖。

彩云之南的阳光，一年四季都可以用灿烂来形容。在这灿烂的阳光下，中国风景园林学会花卉盆景赏石分会女盆景师委员会同期在昆明庾家花园宣告成立。

7月12日上午，中国盆景艺术大师王元康先生，中国风盆景展创始人、世界盆景艺术创作大会

（IPCC）创始人、盆景乐园网站站长郑志林先生分别担任小微型盆景高峰论坛嘉宾。这次小微型盆景高峰论坛的举行，使云南小微型盆景的发展迈开了历史性的步伐。

7月12日下午，100位来自云南各地的盆景爱好者登上了"2019云南省盆景艺术创作大赛"的舞台，同台竞技，共同追求盆景人心中的"香格里拉"。

2019年8月1日，以"盆载大世界、景融大自然"为主题的"2019北京世园会国际盆景竞赛"正式开幕，云南省盆景赏石协会经过层层选拔，最终挑选出10件作品参加竞赛，取得了3金7银的成绩。

2019年9月17日，在贵州遵义举行的2019国际盆景赏石大会暨中国•遵义第四届"交旅投"杯盆景展上，云南省盆景赏石协会选送的15件作品，取得了4银3铜的成绩。

2019年9月28日，由中国花卉协会盆景分会主办的"全国精品盆景展"在江苏如皋举行，云南省盆景赏石协会根据自身实际情况，经研究决定：由曲靖市老年花卉盆景赏石协会组织作品代表云南省盆景赏石协会参加展出，取得了2银6铜的成绩。

2019年11月，经云南省盆景赏石协会研究决定：由红河州盆景艺术协会组织作品代表云南省盆景赏石协会参加由中国风景园林学会花卉盆景赏石分会在重庆市举办的"第八届中国盆景学术研讨会暨第二届长江上游城市花博会全国盆景邀请展"，取得了2铜的成绩。

自"2018年国际盆景协会（BCI）第二届中国地区委员会会员盆景精品展暨中国盆景邀请展"上，王昌先生的云南本土素材清香木作品《只手擎天》获得金奖以来，云南本土作品连续在全国性的展会上荣获金奖，预示着云南盆景正大踏步地追赶着全国先进省市区。

每个人心中，都有一个盆景梦。云南盆景人也同样怀揣着这样一个梦，或早或晚，都将登陆心中的"香格里拉"。也正是这样一个梦，促使云南省盆景赏石协会告别封闭偏远，自2015年在昆明斗南成功举办中国盆景精品邀请展以来，每年都举办主题新颖、精品纷呈、极具特色的大型展会，从视角上、心灵上、思想上对全省会员及广大盆景爱好者产生了强烈的冲击和极大的震撼。为全面提高云南盆景艺术的创作技艺，实现全省会员及广大盆景爱好者实际创作能力的飞跃奠定了基础。

当然，对于正在描绘多彩新梦想的云南盆景人来说，我们也清楚地知道，云南盆景的整体水平与全国盆景先进省（自治区、直辖市）相比仍然还有很大的差距。在今后的岁月里，我们只有重视盆景基础的研究，才有盆景产业的强大；只有重视盆景基础的教育，才有盆景产业振兴人才的土壤；也只有这样，才能找准发展的方向，找到应有的地位。时刻铭记中国盆景艺术大师胡乐国先生的嘱托："云南盆景开始走上了一条正确的道路，但云南盆景还需要较长时间的努力，才能走向成熟。"

云南盆景仍然在路上！

代表人物辈出，佳作不断涌现

自2000年云南省盆景赏石协会成立以来，协会集聚和造就了大批优秀的盆景人才，称得上代表人物辈出，佳作不断涌现。

韦群杰、杨云坤、许万明、解道乾、太云华等5位同志继2004年9月被中国盆景艺术家协会授予"中国杰出盆景艺术家"荣誉称号后，于2016年2月又被云南省盆景赏石协会授予"云南省盆景艺术大师"荣誉称号。

2005年9月，云南省盆景赏石协会授予李炳贵、洪雨川、林石友、孙祥5位同志"云南省盆景艺术家"荣誉称号；授予徐宝、白忠、孙瑜、李茂柏、刘忠礼、王红兵、尹五元7位同志"云南省盆景专家"荣誉称号。

2014年2月，云南省盆景赏石协会授予吴沛民、谭永林、程庆贵、郭远猷、张映贤5位同志"云南省盆景艺术家"荣誉称号。

2015年3月，云南省盆景赏石协会授予高光明、王伟、汤永顺、蔡树发、郭纹辛、崔红波、王昌、许维塘、梁开运9位同志"云南省盆景艺术师"荣誉称号。

2016年2月，云南省盆景赏石协会授予陈培来同志"云南省盆景专家"荣誉称号。

2017年2月，云南省盆景赏石协会授予张国琳同志"云南省盆景艺术师"荣誉称号。

2017年，韦群杰先生、太云华先生、许万明先生、解道乾先生被中国风景园林学会花卉盆景赏石分会授予"中国高级盆景艺术师"荣誉称号。

2017年，韦群杰先生被国际盆景赏石协会（BCI）授予"国际盆景艺术大师"荣誉称号。2018年，韦群杰先生再次被中国风景园林学会花卉盆景赏石分会授予"中国盆景艺术大师"荣誉称号。

2018年3月,云南省盆景赏石协会授予陈友贵同志"云南省盆景艺术大师"荣誉称号。

2019年1月,云南省盆景赏石协会授予周宽祥同志"云南省盆景艺术大师"荣誉称号。

2019年1月,云南省盆景赏石协会授予郭纹辛、王昌、罗春祥、许维塘、张国琳、沐仕鹏、梁开运、宋有斌、徐家学等9位同志"云南省高级盆景艺术师"荣誉称号;崔洪波同志为预备"云南省高级盆景艺术师"资格。

2019年1月,云南省盆景赏石协会授予陈忠敬、周文、尹辉、王志远、曾庆海、张伟、张永顺、普发春、裴秋璟、邱业宵、李赟、金玉强等12位同志"云南省盆景艺术师"荣誉称号;李明、马文鸿、王文国、王进华、陈默、和丽伟、车小伍、陈勇毅、和文华等9位同志为预备"云南省盆景艺术师"资格。

这一时期,云南盆景受岭南、上海、江浙、湖北、重庆等先进地区的影响,开始在用料、立意、形式、技法、年功等方面精益求精,力求创作形式独特、多样,且具有时代气息的盆景艺术作品。创作材料上主要以清香木、云南黄杨、云南松、高山柏、铁马鞭、小石积、枸子、尖叶木樨榄、羊蹄甲、滇朴等具有云南地方特色的品种为主。创作类型涉及树木、山水、水旱、微型、壁挂、花草等。

同时期,云南山水盆景也得到了较大的发展,"达到全国水平"(韦金笙语),并涌现出许多优秀的盆景创作者。创作材料主要以硅化木、云纹石、汤泉石、石灰石、龟纹石为主,作品层次分明、色调明快、雄奇秀丽。

20世纪80年代后,随着全国盆景艺术的复兴,云南盆景发生了前所未有的变化,盆景爱好者和部分公园开始发展建设盆景园,让人们在接触、了解盆景艺术文化的同时,也为广大盆景爱好者提供了交流、学习的空间。特别是2010年后,云南大大小小的盆景园也迎来了大好时节,有了长足的发展。其最具代表性的有昆明"和悦堂"盆景园(图41)、宣威"栩园"盆景园(图42)、丽江"皓园"盆景园(图43)、玉溪"毓园"盆景园(图44)、玉溪"锦萃"盆景园(图45)、通海"一隐园"盆景园(图46)、曲靖"辛园春"盆景园(图47)、昆明黑龙潭公园"聚景苑"盆景园(图48)、昆明大观公园盆景园(图49)等。

"路漫漫其修远兮"!云南盆景,从渺远神秘而又带着蛮荒色彩的"彩云之南"走到今天,一步一个脚印跋涉在云岭大地上……

图41 云南昆明"和悦堂"盆景园

图42 云南宣威"栩园"盆景园

图43 云南丽江"皓园"盆景园

图44 云南玉溪"毓园"盆景园

图45 云南玉溪"锦萃"盆景园

图46 云南通海"一隐园"盆景园

图47 曲靖"辛园春"盆景园

图48 昆明黑龙潭公园"聚景苑"。由省协会太云华先生题,云南省著名书法家李华君先生书写

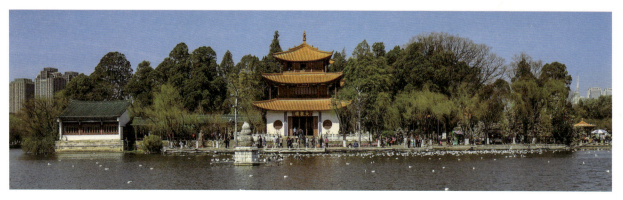

图49 昆明大观公园盆景园

第二章 作品欣赏

2012年以来省协会历届展览金奖作品选登

2012年10月3日至7日"第五届云南省（曲靖）盆景艺术评比展"金奖作品

和悦堂盆景园
作品：《情系大地》
树种：黄杨

包重达
作品：《红云》
树种：枸子

第二章 作品欣赏

崔洪波
作品:《叠翠》
树种:铁马鞭

程庆贵
作品:《不要问我在等谁》
树种:麻栗树

丁远东
作品:《哀牢春水送帆归》
树种:木化石

云岭盆韵 050

和悦堂盆景园
作品：《笑迎宾客》
树种：真柏

包重达
作品：《凌云》
树种：铺地柏

郭纹辛
作品：《笑迎天下客》
树种：鹅耳枥

昆明市黑龙潭公园
作品：《别有洞天》
树种：石灰石

李明
作品：《从容》
树种：铁马鞭

昆明市黑龙潭公园刘敬
作品：《遥望》
树种：鼠李

刘金发
作品：《铁骨峥嵘》
树种：龙柏

吕斌
作品：《秋如春》
树种：小石积

吕自勇
树种：鼠李

王昌
作品：《秦汉遗韵》
树种：清香木

王春武
作品：《展望》
树种：尖叶木樨榄

王平
作品：《满怀壮志》
树种：清香木

谢桂莲
作品：《早春三月》
树种：朴树

新势力盆景园
树种：铁马鞭

新势力盆景园
作品：《势》
树种：龙柏

许维塘
作品：《高士图》
树种：清香木

张华友
作品：《榆树临风》
树种：榆树

张印贤
作品：《相思》
树种：铁马鞭

钱育标
收藏：严庆洪
作品：《七彩云南》
树种：铁马鞭

张华友
作品：《历劫柏韵》
树种：真柏

2014年1月，"第十四届中国梅花蜡梅展览会"金奖作品

和技端
作品：《争春》
树高：87cm

蔡树发
作品：《生死相依》
材料：台阁绿萼梅
规格：68cm×64cm

昆明市黑龙潭公园
作品：《望春》

昆明市黑龙潭公园
作品：《枯木逢春》

梁开运
作品：《冬日赞歌》
树种：梅花
规格：100cm×80cm

丽江皓园
作品：《逸骨仙风》

2014年1月2日，云南省盆景赏石协会理事单位云南锦萃园林工程有限公司代表玉溪市人民政府在"第十四届梅花蜡梅展览"上创作的室外地景《生态玉溪》荣获室外地景类特别金奖

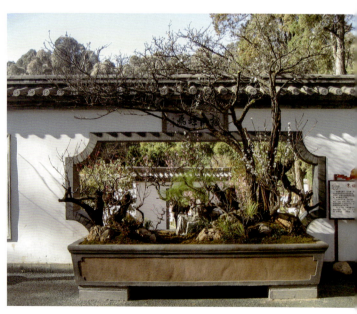

写意盆景类金奖：《寒梅闹春》
创作单位：昆明市黑龙潭公园

2014年5月1日至10日"第六届云南省（世博园）盆景艺术评比展暨首届昆明（世博杯）盆景精品展"金奖作品

和悦堂盆景园
作品：《春漫云岭》
树种：黄杨
同时荣获2015年昆明（世博杯）盆景精品金奖；第九届中国盆景展览暨首届国际盆景协会（BCI）中国地区盆景展铜奖

冯宪炜
树种：罗汉松

蒋培明
作品：《小趣》
树种：六月雪

王昌
作品：《我欲化龙待云来》
树种：清香木

杨瀚森
作品：《玉龙松风》
树种：黑松

许维塘
作品：《远古的呼唤》
树种：小石积

张华友
作品：《古韵峥嵘》
树种：黑松

曾华均
作品：《太平盛世》
树种：榕树，树高100cm
同时荣获"2015年昆明（斗南）中国盆景精品邀请展暨云南赏石根艺展"金奖；2018年1月"第二届中国（海南）盆景精品展暨海南省第四届盆景展览"金奖；2017年，第二届粤台南风盆景展特别金奖

李赟
作品：《叠翠》
树种：铺地柏
同时荣获第九届中国盆景展览暨首届国际盆景协会（BCI）中国地区盆景展铜奖；2019年国际盆景协会（BCI）第三届中国地区委员会盆景精品展暨中国盆景邀请展银奖

王伟
作品：《邀月共舞》
树种：尖叶木樨榄

王昌
作品：《汉唐遗韵》
树种：清香木

和悦堂盆景园
作品：《翠树鸟鸣》
树种：黄杨

许万明
作品：《两岸情深》
树种：真柏，龟纹石
规格：120cm×55cm
同时荣获2019年8月北京世园会"盆景国际竞赛"银奖；第九届中国盆景展览暨首届国际盆景协会（BCI）中国地区盆景展银奖

2015年1月15日至20日"2015年昆明(斗南)中国盆景精品邀请展暨云南赏石根艺展"金奖作品

陈昌
作品(广州):《华容耀世》
树种:山松
树高:100cm

陈昌
作品(广州):《弥久愈苍翠》
树种:棠梨
规格:130cm×90cm×70cm

陈昌
作品(广州):《紫霞仙子下凡间》
树种:簕杜鹃
规格:125cm×120cm×80cm

贵州路发实业有限公司
作品：《锦绣前程》
树种：锦松
规格：90cm×95cm

陈昌
作品：《王者至尊》
树种：香楠
规格：110cm×100cm×80cm

陈汉培
作品（上海）：《春韵》
树种：微型组合
树高：130cm

毛竹
作品（广西）：《隐逸幽居》
树种：龟纹石
规格：150cm×130cm

裴家庆
作品（重庆）：《巴渝秀秋色》
树种：杜鹃
规格：130cm×70cm

王礼勇
作品（海南）：《涌动的山林》
树种：博兰、火山石
规格：82cm×135cm×65cm

吴成发
作品（广州）：《觅凤》
树种：雀梅
规格：110cm×100cm×65cm

吴成发
作品（广州）：《鹤舞》
树种：博兰
规格：120cm×50cm×50cm

吴成发
作品（广州）:《神采飞扬》
树种：红果
规格：95cm×75cm×55cm

张启斌
作品（安徽）:《神舞竞秀》
树种：地柏
规格：80cm×40cm

吴成发
作品（广州）:《疑是枝头蝶恋花》
树种：簕杜鹃
规格：120cm×93cm×60cm

2015年10月17日至21日"2015年中国昆明（世博杯）盆景精品邀请展"金奖作品

何伟源
作品（广东）
树种：九里香
规格：110cm×108cm

李生
作品（广西）：《容榕昌盛》
树种：小叶榕
树高：140cm

刘传刚
作品（海南）：《春潮涌动》
树种：博兰
规格：125cm×100cm×96cm

裴家庆
作品（重庆）:《巴渝人家》
树种：杜鹃、龟纹石
规格：120cm×55cm

彭永昌（广东）
树种：九里香
规格：100cm×70cm

彭永贤
树种：山松
规格：95cm×65cm

陈昌
作品：《千祥云集》
树种：黄槿
规格：100cm×80cm×50cm

2016年5月1日至5日"2016年昆明（世博杯）中国盆景艺术大师、名人、名园作品邀请展"作品

陈昌
作品：《春满人间》
树种：对节白蜡
规格：90cm×80cm×60cm

何焯光
树种：黑松
飘长：120cm

陈昌

作品：《迎客来》
树种：对节白蜡
规格：110cm×80cm×40cm

何焯光

树种：九里香
树高：115cm

何锦标
作品：《雄风犹在》
树种：雀梅
规格：55cm×60cm

胡乐国
作品：《风骨》
树种：五针松
规格：110cm×80cm

胡乐国
作品：《距离之美》
树种：黑松
规格：85cm×85cm

黄就伟
作品：《横空飞渡》
树种：雀梅、英德石
规格：40cm×25cm×50cm

黄敖训
作品：《神驰》
树种：五针松
规格：80cm×85cm

黄振宇
作品：《南国三月》
树种：两面针
规格：85cm×95cm

李健棠
作品：《同根生》
树种：福建茶
规格：70cm×80cm

李晓波
树种：罗汉松

李晓波
树种：真柏

刘传刚
作品:《大风歌》
树种: 博兰
规格: 150cm×80cm

刘传刚
作品:《十美图》
树种: 朴树
规格: 100cm×50cm

陆志伟
作品:《攀云》
树种: 红果
规格: 120cm×60cm

绿野山居
作品：《出岫》
树种：系鱼川真柏
规格：90cm×80cm

绿野山居
作品：《狼牙魂》
树种：五针松
规格：85cm×80cm

绿野山居
作品：《逆》
树种：六月雪
规格：60cm×85cm

绿野山居
作品：《自在》
树种：黑松
规格：65cm×70cm

麦兆基
作品：《春风》
树种：罗汉松
规格：110cm×100cm

潘国林
作品：《水乡风情》
树种：雀梅
规格：85cm×100cm

田一卫
作品：《巴山渝水情》
树种：龟纹石

田一卫
作品：《大江东去》
树种：龟纹石

王成
树种：鸟不宿
规格：75cm×100cm×77cm

王选民
树种：五针松

王选民
树种：真柏

吴成发
作品：《风韵奇古》
树种：对节白蜡
规格：120cm × 120cm × 75cm

吴成发
作品：《盛世风华》
树种：柞木
规格：90cm×80cm×50cm

吴德军
作品：《兄弟情深》
树种：台湾真柏
规格：155cm×155cm

吴德军
作品：《峥嵘岁月》
树种：台湾真柏
规格：85cm×120cm

小林国雄
作品：《揽》
树种：寿松
规格：55cm×90cm

谢荣耀
作品：《岁月沧桑亦留情》
树种：雀梅
规格：50cm×70cm

徐昊
作品：《望岳》
树种：五针松
规格：116cm×96cm

徐昊
作品：《曾受秦封称大夫》
树种：黑松
规格：125cm×98cm

徐伟华
作品：《兴旺》
树种：榕树

徐伟华
作品：《屹立》
树种：九里香

杨明来
作品：《苍苍横翠薇》
树种：五针松
规格：95cm×110cm

杨明来
作品：《鸳鸯不独宿》
树种：五针松
规格：120cm×130cm

张志刚
作品：《清溪风韵》
树种：红枫、英德石
规格：85cm×125cm

张志刚
作品：《舞动的山林》
树种：对节白蜡

赵庆泉
作品：《松溪清韵》
树种：大阪松
规格：150cm×85cm

郑永泰
作品：《曲水流觞》
树种：马尾松
规格：100cm×55cm

郑永泰
作品：《危崖飞渡》
树种：黑松
规格：85cm×120cm

2016年8月13日至8月19日"第七届云南省(通海)盆景艺术评比展"金奖作品

王昌
作品：《不畏浮云遮眼界》
树种：清香木
同时荣获2019年8月北京世园会"盆景国际竞赛"银奖

刘松华
作品：《铁骨柔情》
规格：107cm×43cm

车小伍
作品：《苍翠》
树种：铁马鞭
规格：80cm×73cm
同时荣获2019年9月中国森林旅游节全国精品盆景展银奖

崔红波
作品:《飞瀑乌蒙情》
树种: 铁马鞭
规格: 50cm×75cm

龚靖翔
作品:《华夏魂》
树种: 清香木
规格: 120cm×120cm

逸心亭
作品:《风华正茂》
树种: 清香木
规格: 110cm×130cm

尹辉
作品：《梦系桃园》
树种：华西小石积
规格：85cm×98cm
同时荣获2019年8月北京世园会"盆景国际竞赛"银奖

逸心亭
作品：《蛟龙入海》
树种：清香木
规格：105cm×130cm

张国发
作品：《红河雄风》
树种：尖叶木樨榄
规格：110cm×60cm

2016年9月"第九届中国盆景展览暨首届国际盆景协会(BCI)中国地区盆景展"获奖作品

沐世鹏
作品(铜奖):《风华正茂》
树种:清香木

普发春
作品(铜奖):《盛气凌人》
树种:尖叶木樨榄
规格:100cm×120cm

沐世鹏
作品(铜奖):《虬柯铁骨施礼仪》
树种:尖叶木樨榄
规格:115cm×110cm

张国琳
作品（铜奖）：《蛟龙入海》
树种：清香木

包重达
作品（银奖）：《春翠秋翡》
树种：枸子
规格：30cm×120cm

崔红波
作品（银奖）:《叠翠》
树种：铁马鞭

周宽祥
作品（银奖）:《祥和》
树种：黄杨
规格：118cm×153cm

2017年5月1日至5日"2017年昆明（世博杯）中国盆景艺术精品邀请展"金奖作品

梁志坚
作品（广东）:《春意盎然》
树种：簕杜鹃
树高：85cm

林学钊
作品（云南）:《文笔独秀》
树种：朴树
树高：170cm

罗汉生
作品（广东）:《情缘境逸》
树种：九里香
树高：115cm

王建昌
作品（泉州）：《龙啸云天》
树种：榕树
规格：118cm×165cm

王景林
作品（广东）：《共唱和谐》
树种：九里香
树高：118cm

第二章 作品欣赏　093

张继国
作品（上海）：《春色满园》
树种：微型组合
规格：120cm×100cm

振春盆景园
作品（上海）：《崖绿江水》
树种：小品
规格：60cm×50cm

2018年1月19日 "第二届中国（海南）盆景精品展暨海南省第四届盆景展览"获奖作品

李金荣
作品（铜奖）:《会当击水三千里》
树种：尖叶木樨榄

许万明
作品（铜奖）:《相思》
树种：桷子
同时荣获2017年第二届粤台南风盆景展一等金奖

解道乾
作品（银奖）:《秋水落霞》
树种：石灰石

2018年8月11日至17日"第八届云南省（世博园）盆景艺术评比展"金奖作品

陈默
作品：《浮光耀金》
树种：石灰石
规格：150cm×86cm
同时荣获2019年7月"国际盆景协会（BCI）第三届中国地区委员会会员盆景精品展及中国盆景邀请展"银奖、2019年8月北京世园会"盆景国际竞赛"金奖

程宗德
作品：《其命维斯》
树种：崖柏
规格：110cm×108cm
同时荣获2019年8月北京世园会"盆景国际竞赛"银奖

郭纹辛
作品:《风霜雪雨知劲松》
树种: 云南松
规格: 120cm×140cm

蒋培明
作品:《贡古秋韵》
树种: 尖叶木樨榄
规格: 50cm×40cm

李明
作品:《迎霜傲雪》
树种: 锦松
规格: 50cm×65cm

李杨
作品：《细腻风光在险峰》
树种：榆树
飘长：90cm

丽江皓园
作品：《浓荫情深苍古弄》
树种：大阪松
规格：72cm×109cm

罗春祥
作品：《沧桑后的辉煌》
树种：地龙柏
规格：60cm×120cm
同时荣获2019年8月北京世园会"盆景国际竞赛"银奖

王永春
作品：《神飞疏林外》
树种：小石积
规格：110cm×155cm
同时荣获2019年8月北京世园会
"盆景国际竞赛"金奖

毓园
作品《清影香魂》
树种：清香木
规格：115cm×130cm
同时荣获2019年7月"国际盆景协会（BCI）第三届中国地区委员会会员盆景精品展及中国盆景邀请展"银奖、2019年8月北京世园会"盆景国际竞赛"金奖

张国琳
作品：《南国彩云》
树种：清香木
规格：110cm×150cm

2018年9月28日至10月7日"2018年国际盆景协会(BCI)中国地区委员会会员盆景精品展暨中国盆景邀请展"获奖作品

王昌
作品（金奖）：《只手擎天》
树种：清香木
规格：110cm×140cm

周宽祥
作品（铜奖）：《钟灵毓秀》
树种：黑松
规格：85cm×76cm

曾庆海
作品（铜奖）:《碧水东流》
树种：花岗岩
规格：120cm×60cm

胡昌彦
作品（铜奖）:《秦风》
树种：真柏
规格：80cm×90cm

沐仕鹏
作品（铜奖）:《起舞弄清影》
树种：清香木
规格：86cm×130cm

2019年2月，2019年首届中国女盆景师作品展

李玉红
作品（铜奖）:《西湖柳韵》
树种：铁马鞭
规格：81cm×110cm
同时荣获2019年7月"国际盆景协会（BCI）第三届中国地区委员会会员盆景精品展及中国盆景邀请展"铜奖

牟燕
作品（铜奖）:《隐园雅趣》
树种：清香木

2019年7月国际盆景协会（BCI）第三届中国地区委员会会员盆景精品展及中国盆景邀请展

魏兴林
作品（金奖）:《大地情怀》
树种：米叶枸子
规格：60cm×55cm
同时荣获"2019年全国小微盆景展暨中国如皋盆景交易大会"金奖

解道乾
作品（云南）:《万壑树参天》
树种：鞍叶羊蹄甲
规格：120cm×120cm

陈安勇
作品（重庆）：《把酒问青天》
树种：夏鹃、龟纹石
规格：110cm×60cm

陈宝和
作品（福建）：《翠影横江》
树种：赤楠
规格：140cm×86cm

陈宝和
作品（福建）：《骄骨争雄》
树种：赤楠
规格：150cm×120cm

陈汉培
作品（上海）:《绿野趣源》
规格：140cm×55cm×60cm

褚国球
作品（广州）:《云涌如流》
树种：三角梅
规格：78cm×120cm×40cm

杜耀东
作品（广州）:《照影长相依》
树种：九里香
飘长：110cm

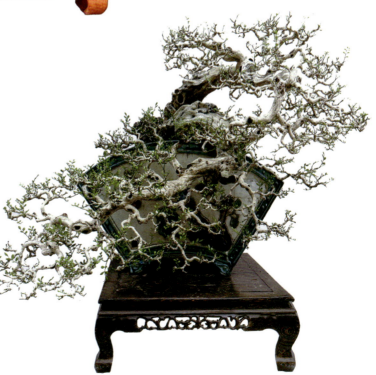

范建军
作品（四川）：《岁月留痕》
树种：金弹子

古林盆景园
作品：《遥望》
规格：150cm×80cm

刘锦荣
作品（广东）：《孩提》
树种：朴树
树高：105cm

刘凌欢
作品（广州）：《古木幽林》
树种：雀梅
规格：78cm×115cm×75cm

潘靖宇
作品（盆景乐园）：《春思》
规格：100cm×70cm

裴家庆
作品（重庆）：《眠琴绿荫》
树种：罗汉松
规格：85cm×80cm

王俞又（台湾）
树种：黄杨
规格：150cm×120cm

薛最常
作品（广东）：《翠绿》
树种：黑松
飘长：110cm

杨彪
作品（重庆）：《南山人家》
树种：夏鹃、龟纹石
规格：120cm×50cm

叶昆铭
作品（福建）：《苍茫云秀》
树种：赤楠
规格：125cm×70cm

袁浩球
作品（广东）：《烟锁梅林》
树种：雀梅
规格：60cm×100cm

张德明
作品（湖南）：《雄风》
树种：大阪松
规格：120cm×90cm

云南省会员银奖作品

曾华均
作品：《大树底下好乘凉》
树种：榕树
规格：80cm×185cm

和悦堂盆景园
作品：《松韵》
树种：黑松
树高：76cm

昆明世博园
作品:《横空出世》
树种:对节白蜡
规格:88cm×120cm

昆明市翠湖公园
作品:《志博云天》
树种:真柏
规格:90cm×60cm

刘俊
作品：《逆境也风流》
树种：火棘
规格：117cm×85cm

刘松华
树种：清香木
规格：115cm×75cm

王卡
作品：《蓦然回首》
树种：清香木
飘长：110cm

王志远
作品：《闻一林清净》
树种：唐枫
规格：90cm×82cm

程庆贵
作品：《力拔山兮气盖世》
树种：朴树
规格：130cm×118cm

2019年9月国际盆景赏石大会暨中国遵义第四届交旅投杯盆景展

曾庆海
作品（铜奖）：《水墨江山图》
树种：云雾石、铁马鞭、珍珠草
规格：120cm×60cm

吴康
作品（铜奖）：《曲韵悠然》
树种：清香木
规格：100cm×80cm

第二章 作品欣赏 117

周宽祥
作品（铜奖）：《春江水暖》
树种：五针松、英德石
规格：120cm×60cm

苏力
作品（银奖）：《三江溢翠》
树种：黄杨
规格：106cm×178cm
同时荣获2019年9月中国森林旅游节全国精品盆景展铜奖

王昌
作品（银奖）：《五子登科》
树种：清香木
规格：85cm×160cm

张永顺
作品（银奖）：《硕果》
树种：枸子
规格：110cm×80cm

曾华均
作品（银奖）：《顶天立地真君子》
树种：榕树
规格：128cm×120cm

2019年9月中国森林旅游节全国精品盆景展

徐家学
作品（银奖）:《历经磨砺亦从容》
树种：铁马鞭
规格：90cm×80cm
同时荣获2019中国西部地区盆景联盟成立大会暨中环国际"阅湖杯"盆景展金奖

郭纹辛
作品（铜奖）:《探幽》
树种：铁马鞭
飘长：68cm

宋有斌
作品（铜奖）：《和谐》
树种：黄杨
规格：116cm×156cm
同时荣获2019中国西部地区盆景联盟成立大会暨中环国际"阅湖杯"盆景展铜奖

宋有斌
作品（铜奖）：《童梦》
树种：黄杨
规格：95cm×100cm

赵龙
作品（铜奖）：《风华正茂》
树种：黄杨
规格：78cm×98cm

郭纹辛
作品（铜奖）：《守望》
树种：黄杨
规格：118cm×130cm
同时荣获2019中国西部地区盆景联盟成立大会暨中环国际"阅湖杯"盆景展金奖

赏石作品选登

包崇甫
藏品：《包》（文字石）
石种：云南澜沧江石
规格：21cm×18cm×16cm

陈培来
藏品：《开天》
石种：夜郎古铜石
规格：35cm×55cm

陈培来
藏品：《静庐访贤》
石种：夜郎古铜石
规格：30cm×17cm

陈培来
藏品：《明清画意》
石种：金沙江石
规格：28cm×17cm

陈培来
藏品：《坐禅》
石种：夜郎古铜石
规格：52cm×55cm

董宗平
藏品：《嘉靖通宝》
石种：云南会泽铁胆石
规格：72cm×72cm×10cm

顾发光
藏品:《高寿》(文字石)
石种: 金沙江(金沙江水石)
规格: 69cm×48cm×38cm

董宗平
藏品:《龙凤呈祥》
石种: 中华金沙彩石
规格: 150cm×220cm×80cm

顾天宇
藏品:《佛在心中》
石种: 云南会泽铁胆石
规格: 12cm×12cm×9cm

顾发光
藏品:《江河颂》
石种: 金沙江石(中华金沙彩)
规格: 118cm×88cm×68cm

顾天宇
藏品:《取经路上》
石种: 金沙江水石
规格: 22cm×16cm×11cm

顾天宇
藏品:《智圣先师》
石种: 金沙江水石
规格: 42cm×28cm×16cm

黄加红
藏品:《财神》
石种:中华金沙彩石
规格:48cm×60cm×26cm

黄加红
藏品:《取经路上》
石种:金沙江水石
规格:43cm×36cm×18cm

李俊
藏品:《富贵鸟》
石种:金沙江彩石
规格:50cm×30cm×23cm

李俊
藏品:《米芾拜石》
石种:中华金沙彩石
规格:32cm×46cm×18cm

李俊
藏品:《沐浴晨光》
石种:金沙江打磨石
规格:26cm×32cm×6cm

李正友
藏品:《金玉满堂》
石种:红河彩陶石
规格:35cm×43cm×20cm

梦石阁石社
藏品：《拜》
石种：金沙江石
规格：15cm×16cm×8cm

李正友
藏品：《明清印象》
石种：云南蒙自仙景石
规格：33cm×46cm×6cm

梦石阁石社
藏品：《佛缘》
石种：金沙江石
规格：15cm×16cm×8cm

梦石阁石社
藏品：《春江放排》
石种：金沙江石
规格：25cm×24cm×9cm

茹兴铭
藏品：《华夏之母——女娲》
石种：金沙江（金沙江彩石）
规格：43cm×50cm×9cm

梦石阁石社
藏品：《仕女图》
石种：金沙江石
规格：20cm×25cm×8cm

茹兴铭
藏品：《寿桃》
石种：云南会泽铁胆石
规格：30cm×32cm×26cm

太云华
藏品：《云中谁寄锦书来》
产地：云南
规格：21cm×136cm

王伟
藏品：《喃喃细语话春归》
石种：长江石
规格：12cm×18cm×8cm

王伟
藏品：《舒广袖》
石种：长江石
规格：20cm×16cm×8cm

韦群杰
藏品：《独立寒秋》
石种：金沙江石
规格：23cm×23cm×8cm

韦群杰
藏品：《日月同辉》
石种：金沙江石
规格：16cm×20cm×7cm

夏伍鹏
藏品：《财》（文字石）
石种：金沙江水石

夏伍鹏
藏品：《奔驰》
石种：云南会泽铁胆石

夏伍鹏
藏品：《金蟾》
石种：中华金沙彩石
规格：70cm×46cm×90cm

夏伍鹏
藏品：《金蟾》
石种：云南会泽铁胆石
规格：46cm×18cm×32cm

谢学见
藏品：《鹊桥相会》
石种：金沙江水石
规格：38cm×36cm×22cm

谢学见
藏品：《狼》
石种：金沙江水石
规格：66×40×30cm

徐天福
藏品:《祥龙呈瑞》
石种: 云南弥勒山石
规格: 石高41cm, 石宽16.6cm

许万明
藏品:《憧憬》
石种: 石灰岩
规格: 石高32cm

许万明
藏品:《最炫民族风》
石种: 天鹅石
规格: 石高16cm

杨显德
藏品:《孔子问道》
石种: 金沙江水石
规格: 58cm×146cm×62cm

杨显德
藏品:《云南》(文字石)组合
石种: 金沙江水石
规格: 30cm×26cm、30cm×22cm, 石厚9cm

杨云坤
藏品:《变更线》
石种: 金沙江卵石
规格: 26cm×20cm×13cm

杨云坤
藏品：《史前》
石种：大化石
规格：11cm×10cm×4.5cm

杨云坤
藏品：《日照金辉》
石种：金沙江七彩石
规格：26cm×21cm×6.5cm

尹辉
藏品：《岳母刺字》
石种：云南蒙自仙景石
规格：25cm×22cm

尹辉
藏品：《情系大地》
石种：云南蒙自仙景石
规格：75cm×90cm

翟应祖
藏品：《嫂子》
石种：云南牛栏江图纹石
规格：石高25cm，石宽19cm

翟应祖
藏品：《千古奇饼》
石种：珊瑚冒化石
规格：26cm×26cm

张龙有
藏品：《古坛》
石种：云南会泽铁胆石
规格：21cm×23cm×23cm

张龙有
藏品：《伟人》
石种：云南会泽铁胆石
规格：19cm×19cm×19cm

张贤能
藏品：《望》
石种：云石
规格：石高63cm，石宽30cm

张贤能
藏品：《古梅》
石种：金江石
规格：70cm×40cm

周宽祥
藏品：《莫高梵音》
石种：云南南溪河水冲石
规格：102cm×94cm

周宽祥
藏品：《雪溢江涌》
石种：云南南溪河水冲石
规格：58cm×46cm

周宽祥
藏品：《云林画意》
石种：云南南溪河水冲石
规格：42cm×39cm

周宽祥
藏品：《玉龙残雪》
石种：云南南溪河水冲石
规格：55cm×43cm

宗声
藏品：《鱼我皆乐》
石种：云南蒙自仙景石
规格：40cm×20cm

李茂柏
藏品：茶晶
规格：27cm×27cm×14cm

相关人员作品选登

陈友贵
作品:《狮子山下》
遂园收藏
树种:真柏
规格:119cm×175cm

陈友贵
作品:《双龙探海》
健园收藏
树种:真柏
飘长:70cm

昆明世博园艺有限公司
作品:《傲骨天成》
树种:对节白蜡
规格:120cm×60cm

解道乾
作品:《金沙水拍云崖暖》
石种、树种:石灰石、枸子、芝麻草
规格:120cm×60cm

第二章 作品欣赏　*133*

裴秋璟
作品：《大地情深》
树种：清香木
规格：80cm×80cm

孙祥
作品：《耸壑昂宵》
石种、树种：沙积石、真柏
规格：60cm

王进华
作品：《悬崖行舟》
石种：石灰石
规格：80cm×45cm
2015年5月，获昆明"世博杯"盆景精品邀请展铜奖

王进华
作品：《苍山如海、残阳如血》
石种：千层石
规格：80cm×50cm

太云华
作品：《云岭逶迤》
石种、树种：石灰石、枸子、杜鹃、芝麻草
规格：120cm×60cm

韦群杰
作品：《春江水暖》
树种、石种：五针松、龟纹石
规格：120cm×60cm

韦群杰
作品：《云岭画意》
石种、树种：龟纹石、真柏
规格：150cm×70cm

许万明

作品:《清溪竹影》
树种、石种：凤尾竹、英德石
规格：80cm×56cm

许万明

作品:《翠林风景线》
材料：黄杨、龟纹石
规格：120cm×60cm
荣获首届CPAA中国（靖江）山水组合盆景创作国家大赛银奖

杨云坤

作品:《绮尽山影》
石种、树种：龟纹石、芝麻草
规格：120cm×60cm

云南锦萃园林工程有限公司
作品:《烟雨乌蒙》
石种、树种:石灰石、六月雪、芝麻草
规格:120cm×60cm

周文
作品:《悟禅》
树种:云南松
树高:110cm

周文
作品:《阅尽人间春色》
树种:枸子
飘长:120cm

第三章 艺海拾贝

云南盆景上路了

胡乐国

地方盆景 LOCAL PENJING

第二届云南省盆景评比展览于2002年8.15~8.19在南疆城市——蒙自举办。十分荣幸,让我有机会了解云南盆景的方方面面。

云南省是盆景起步较晚的地区,它是在昆明世博会之后,才大开眼界,探索着开始步入现代盆景发展的道路。云南省盆景协会也因形势的需要于2000年宣告成立,并举办过第一届盆景评比展览,这一次算是第二届了。两届展览,相比之下,展览规模、盆景的质量都有很大的提高。

第二届云南省盆景评比展览,参展的各类盆景计560件,大大超过原定300件的计划,可以说参展作品之多,群众热情之高,在云南历史上是空前的,在盆景制作技艺方面也取得很大提高。这使云南的有关领导和盆景作者群都异口同声地赞美不已。这种喜悦之情深深地震撼着每一个人的心。

这次展览,评出金奖13盆、银奖26盆、铜奖48盆。这些作品包括树木盆景、山水盆景(包括树石、水旱盆景)、观花观果、花草类盆景等。从规模看有大型、中小型、微型组合、挂壁式盆景,可谓门类齐全。

题名:《疏林秀水》
材种:雪松、龟纹石
作者:孙祥

云南有植物王国之称,盆景资源丰富,气候得天独厚,这一点在盆景树种的开发利用中也得以充分体现。在展台上除一般常见的盆景树种外,还可以看到我们未曾认识的盆景新树种,如清香木、小石积、铁马鞭、红牛筋、尖叶木榉榄、两面针、流梳、云南黄素馨等,此外还有我们熟识的,但很少有在盆景上使用的羊蹄甲、云南松、鹅耳枥、倒挂金钟等。这些新开发的盆景新树种,经过多年的盆栽养护和造型修剪,表现了良好的盆景性能。其中我最喜欢尖叶木榉榄,它叶色、叶形十分可爱,耐

题名:《不老人生》
材种:铁马鞭
作者:李炳贵

题名:《秋声赋》
材种:石灰石、三角枫
作者:孟昆

题名:《高瞻远瞩》
树种:火棘
作者:毕云祥

修剪易萌发,可塑性很强,于是我也带了一小棵回家试种,也祝愿云南同志能早日有佳作和大家见面。

过去,云南盆景受到四川民间艺术的影响,出现了一些象形、文字、图案式盆栽。这是历史,为了对老艺人的尊敬和拨正盆景发展方向,在这次展览中,老艺人的作品照样参展,但不予评奖,我想这个做法还是正确的。

现在云南盆景的造型开始有向江浙、岭南学习的趋向,图片中的山水盆景、柏树盆景等就是按江浙一带作法学习的,而刘华东先生的作品就是按岭南的作法学习的。盆景制作尤如学书法,先从模习大家字贴开始,掌握习字规律、技法,然后逐渐自成风格,这是一条非同寻常的艰辛道路。本文题目"云南盆景上路了"也就示意云南盆景开始走上了一条正确的道路,但云南盆景还需要较长时间的努力,才能走向成熟。

"师法自然"是盆景工作者永远的座右铭,云南盆景在学习江浙、岭南之后,要把目光收回来,看看云南那高原的天、高原的地,看看高原的树木、高原的山水是怎样的,看看云南特有的人文风土又是怎样的,展品中我欣赏《虎跳金沙》这一山水盆景,它反映了金沙口上虎跳峡的风光,高原情调洋溢。我希望云南盆景以后要有自己的面孔,外地盆景专家的授课指导,只能教给一些规律性的东西,那内在的或风格方面的事,还是要靠自己不断的创作实践、逐渐形成。

本栏编辑/刘启华

题名:《烟波浩荡》
石种:石灰石
作者:解道乾

此文刊登于《花木盆景》2003年1月盆景赏石B版。

《前赴后继》一件动势黄杨盆景的创作

解道乾

作者简介：解道乾，男，1972年生，云南昆明人。90年代接触盆景以来，经不懈的努力，在树桩、山水、水旱树石盆景的创作上都有较高造诣，已基本形成了"雄浑奔放、自然流畅"的个人艺术风格。多次参与国际、全国及省内园林景观、花卉及盆景展览的组织工作。多年来经常到云南省各地、州、市、县进行盆景资源的调研工作并与当地盆景爱好者进行交流，为云南省盆景事业的发展做出了应有的贡献。相关论文和作品发表于国家和省市级专业杂志和报刊。先后荣获"中国杰出盆景艺术家""云南省盆景艺术大师""中国盆景高级艺术师"称号。

云南位于中国的西南边陲，地处北纬21°9′~29°15′、东经97°39′~106°2′之间的低纬度地带，北回归线从南部穿过。境内东西距离885km，南北相距910km，面积大约39.4万多km²。全省大部分地区位于云岭山脉之南，故名"云南"。

云南是个高原多山的省份，山地面积约37万km²，占全省总面积的94%左右。云南地势西北高，东南低。海拔最高处达6740m，最低仅76.4m。境内分布有高黎贡山、怒山、云岭三大山脉和怒江、澜沧江、金沙江、元江、南盘江等五大水系及40多个湖泊。特殊的地理位置和气候条件造就了云南丰富的植物资源。全国近3万种高等植物中，云南就有300科14000余种，木本植物约170科5000余种，全省可开发做盆景的植物有54科147属320多种，可谓种类繁多，资源丰富。近年来，随着盆景艺术的兴起，大量野生桩材被采挖出来。其中，最具代表性的树种有黄杨、清香木、尖叶木樨榄、云南松、铁马鞭、枸子、高山柏等数十种。

昆明和悦堂盆景园园主周宽祥先生，独爱黄杨野生桩材，20余年坚持不懈，聚得佳材满园。今应其之

本文作者与周宽祥先生合影

邀，在园内选了一盆养护多年、生长旺盛的桩材进行创作，现将创作过程整理与大家共同探讨。

这是棵一本双干的素材，主干高98cm，地径20cm，副干高70cm，地径5cm。主干苍劲古朴，副干健康旺盛，一大一小，主次悬殊，是典型的公孙树型。此树的优点是双干皆具逆势回头之姿，观之给人以强烈的动感，是制作动势盆景不可多得的优秀素材。但其创作也有难度：一是疤痕、截口较多（这也是野生桩材普遍存在的问题），需要精心的雕刻处理。二是树干上的疤痕、舍利，影响了水分、养分的输导，使主干长势相对比副干弱了些，特别是顶部分枝较少，因此，要想使结顶紧凑丰满，就必须降低结顶高度，但其木质已老化，拿弯不易。三是为了增强整件作品动势，需要对一些枝条的着生方向进行大幅度调整，黄杨树木质紧实，容易断裂，对粗枝如此处理，挑战不小。

创作完成后，树高成功降到了76cm，整个作品刚柔相济、顾盼有情、险稳相依、动势飞扬，大小双干犹如祖孙二人，扶老携幼，顶风冒雨，逆流而上，勇往直前。观之有感，遂题名《前赴后继》。

图1 原素材正面

图2 原素材背面

图3 仔细审视此素材大小两干，可见主次明显，争让有序，且都极具动感，决定还是以此为正面

图4 主干上的疤痕和天然形成的舍利

图5 疤痕雕刻之前先将皮层环剥，以免在雕刻过程中撕裂树皮，影响生长

图6 雕刻后的疤痕

图7 对天然舍利再加工

图8 雕刻作业完成后的树相

图9 剪去副干上部枝叶后，可见整棵素材大小主次分明，高低错落有致，树势协调统一

图10 整姿作业前，用棉布条认真包裹枝干，避免在绑扎调枝过程中造成断裂

图11 大胆将主干上部枝条拿弯，降低高度，使结顶紧凑丰满

图12 换盆作业，重新调整种植高度和角度

图13 在盆面点缀几块山石，这样做既弥补了根盘的缺陷，又增强了整件作品的重心，还平添了几分野趣，这也是盆景盆面处理的一个重要手段

图14 铺设青苔

图15 创作完成后作品的正面

图16 创作完成后作品的背面

此文刊登于《花木盆景》2017年01下半月刊

云南盆景文化市场浅探

太云华

作者简介：太云华，男，1965年生，云南昆明人。20世纪90年代，结缘中国盆景艺术大师刘传刚先生后，因惊叹刘传刚大师精湛、出神入化的技艺和摄人心魄的盆景艺术魅力而一见倾心，缘定盆景。经多年的潜心研究、探索、实践、积累，对盆景艺术颇有心得，尤擅山水、树石盆景，其作品立意清新、雄秀兼备、整体画面富有感染力和诗情画意。多次主持国际、全国及省内园林景观、花卉盆景展览的组织工作，经常到世界各地进行盆景资源的调研、指导、交流工作。相关论文和作品发表于国家级专业杂志和报刊。先后荣获"中国杰出盆景艺术家""云南省盆景艺术大师""中国盆景高级艺术师"称号。

盆景文化对于市场来说意味着什么？目前，云南盆景市场就像正值青春期的青少年——虽说充满活力，但也充满躁动。从形式、内涵上来讲，比较单一、稚嫩。每个市场大同小异，没有档次，缺乏合理层次规划。在大部分消费者对盆景文化认知度不高的情况下，往往不能达到方便交流、激活市场潜力的预期目的。但由于云南自然资源、文化资源的多样性和独特性，或多或少地使云南盆景市场别有一番耐人寻味。

我们不能否认，目前云南的盆景市场还比较落后，相对于江浙、福建、广东、上海等城市，我们的产业链远远落后。而且仅仅停留在表层，忽略了深层次的文化构建。这也就造成了大多数盆景市场缺乏相应的文化氛围，缺乏特色和个性。而另一个现象是，当一些高级盆景园和市场出现时，又常常会因"曲高和寡"的现象而过早夭折。其实这和云南人的接受水平是不无关系的。一个高雅文化的兴起没能和云南人擦出思想的火花，并不见得是它不好，只是很多时候我们的意识不足以接受它罢了。那么我们是不是也应该反省：正是因为我们的习惯性思维，而断送了不少很有思想底蕴的市场呢？

我们就像一个拼命奔跑的人，为了物质的利益，踉踉跄跄、慌不择路，一边跑，一边丢东西，等跑到终点，才发现忘了自己是谁。时至今日，我们仍然没有一个真正属于自己的专业市场。不过话又说回来，云南的经济算不上发达，云南自身的局限性、老百姓的消费水平、盆景创作自身的人才储备，可供盆景制作开发的资本应用等等。所有这些跟全国发达地区相比还有很大的差距。所以，"曲高和寡"的云南盆景文化市场现象也就在所难免了。

市场就好像一个初生的婴儿，我们在精心呵护它的同时，就应该不停地向它灌输东西：思想、创造力、个性、特色和坚持等等。其实说穿了，市场就是意味着文化的积累、特色、氛围和思想境界，就是对深层次文化内涵的发掘。云南盆景市场恰恰缺乏这些深层次的东西。但这不表明云南盆景市场没有生命力，而是因为在云南盆景艺术与经营上我们还没有找到切实的结合点。

当然，每个市场都不要因为看到其他地方的生意旺盛，一时之间就模糊不清，把自己独具特色的经营模式转型成为仿效的赝品，南辕北辙最终只会使我们自己失去方向。一个市场，特别是文化艺术市场，它是由两方面构成的：一是经济的富裕。只有当经济富裕了，人们才会有闲情雅兴购买、欣赏。云南地处边疆省份，经济欠发达，几千、几万的盆景不容易卖出去。二是文化的积累。只有人们的文化素质提高了，才会有更多的人，去研究、去收藏。此时，静下心来思考我们下一步的发展方向无疑是十分必要的。

长期以来，我们的盆景文化看重的是经济效益，不重视甚至忽视社会效益，导致了我们的盆景产品始终走不出去。要扭转目前这种被动的局面，最重要的就是尊重大众，用市场文化吸引大众。盆景是文化，"文化要吃市场饭"。衡量吸引大众的一个重要标志就是盆景艺术的市场化，就是盆景艺术产品的销量与普及率。只有盆景艺术产品的销量与普及率提高了，才能使盆景艺术产生社会效益，只有社会效益显著了才能说我们的盆景艺术被社会接受了。

云南盆景市场上更多的让我们看到的是资源的展示，那么我们的盆景艺术的发展是否就停留在自然资源的挖掘上呢？虽然资源是可以转变成文化产品的。但是如果简单地盯着资源不跟现代的科技手段相结合，不按照现代社会的需求孤立地开发资源，是很难让社会接受的。资源是有限的，市场也是有限的。盆景艺术作为一种传统文化，古老的历史可以追溯到遥远的东汉时期，其深厚的文化积累决定了盆景艺术的发展不应该是简单的商业行为。因此盆景艺术的发展有两大要素：一是人才，二是资源。这才是盆景艺术发展的核心。资源只是其中的一个方面。所以盆景艺术一定要跟人才、资源和科技联系在一起。

做盆景要有销售意识，只有这样才能体现出盆景的价值。要做好盆景的销售，就要分清作品和产品，要面向各个消费阶层的顾客，高、中、低端客户要全面顾及，不能让消费者望价兴叹。毕竟现在能消费得起又懂天价盆景的人还不太多，所以能为自己的盆景定出的价格也是一门学问。

盆景艺术的发展，必须形成一个产业体系。遗憾的是，目前云南的盆景艺术还处于一个"散打"的个体行为时期，销售渠道上也存在着一定程度的混乱，以致市场上"商品"与"精品"鱼目混珠。消费者甚至不知道如何选择盆景，这些都严重地损害了盆景艺术的形象。因此，不论是人才储备、宣传展览、资源的开发利用、技术的提高、理论的加强、切实的宣传，相关的文化活动，还是产、供、销；不论是单一产品，还是纵向产业，我们都应该切实抓好，规范市场，全面协调发展。只有这样，云南盆景艺术的发展才能形成一个产业体系。而一个产业的发展不仅要有广度而且还要有深度，云南盆景的产业要兴盛不能只靠一个资源优势，也不能满足于办个展览，搞次讲座。我们何不也充分应用市场机制，借鉴云南花卉产业的成功经验，从了解盆景文化、认识盆景艺术到学

图1 《云岭画意》，太云华作品，石灰石、珍珠草，100cm×50cm

习交流、购买、鉴赏、盆景艺术的相关配套产品、旅游团购等集成一个系统,走出一条发展的创新之路。

"市场不是万能的,但是没有市场是万万不能的。"毕竟盆景艺术也是产品,兼有经济的属性。我们创新盆景文化营销的手段体现在很多环节上,可以不拘泥于条条框框,把盆景文化市场营销的中规中矩变成一辆可以自由驾驭的战车。同时资源保护与产业发展,文化与效益同步展开。增强市场意识,积极主动调整产品结构,改变经营模式,从数量型逐渐转向质量型,从盆栽型逐渐转向艺术型。使盆景文化市场营销成为一种风尚,少了模仿,相互提高,在盆景文化领域里走出一条新的发展之路。

此文刊登于《花木盆景》2008年5月盆景赏石B版。

图2 《独吟图》,太云华作品,小叶榉子、龟纹石,100cm×50cm

图3 《丽水金沙》,太云华作品,石灰石、真柏,120cm×55cm

会泽铁胆乾坤石 岩石中的金元宝

顾发光

作者简介：顾发光，云南会泽人，1951年4月生，大专文化，中国观赏石一级鉴评师，中国观赏石协会会员，云南省盆景赏石协会常务理事、云南省观赏石协会副秘书长、铁胆石专业委员会副主任、会泽县观赏石盆景协会会长。从小在金沙江支流以礼河河畔长大，酷爱盆景、奇石、摄影、书法的收藏、鉴赏。多次担任中国东盟泛亚石博会和中国昆明国际赏石展、斗南盆景赏石展等展会鉴评、监评委工作。任《金沙江石文化之旅》副主编、《长江石文化》《中国图纹石》编委，作品《江河颂》《须弥山》《神龙》被《中国石谱》收录。

笔者2010年3月受云南省观赏石协会委托，参与了鉴评、送展云南参加上海世博会云南馆观赏石精品展示的工作。同年4月9日，龙腾盛世等四枚会泽铁胆乾坤石就与黄龙玉、大理石、金沙江怒江水石、普洱茶、古滇国"牛虎铜案"、建水紫陶、禄丰恐龙化石一同出现在上海世博会云南馆中，成为独具特色的云南标签。铁胆乾坤石形式多样，有的布满细小而密集的晶体颗粒，有的镶嵌着浮雕纹饰，小的仅几两重，大的重达五吨多。那么，这种神奇的石头究竟是怎样产生的呢？

自2007年至今，笔者数十次到会泽县驾车乡迤石村的新田、水节、龙杂、发科、白布嘎、老箐梁子、上叉河；驾车村的冷风箐、小麦地、陡石坎、下叉河等地实地调研。

2008年7月28日，笔者带领会泽观赏石协会副会长张小有，会员袁坤、张朴伟，从新田社小河口出发沿河徒步行走，冒着山体发生滑坡的危险地段往下察看到迤石上叉河至驾车下叉河铁胆乾坤石被洪水冲了翻滚时的景况（图1）。由于几个星期连绵不断细雨，洪水猛涨，冲刷着河床，使得山体发生滑坡，在山洪的冲击下，如同一条乌黑的长龙注入那条干涸了几个月的迤石河。天阴沉沉的，刮着大风，污浊的洪水咆哮着，拍打着河岸，数百个迤石村、驾车村的村民，却撑着雨伞，戴着斗笠，冒着危险，站在河道两旁，目不转睛地盯着汹涌的洪水。

这时，一个篮球般大小的石头被山洪冲了翻滚下来，一个村民迅速用板锄把石头掀上了浅滩，说时迟那时快，另一个石头又被洪水冲了翻滚下来了，一个小伙子激动了，跳进齐胸深的水中，汹涌的洪水一下子把他冲出了好几米远。小伙子打了几个趔趄，才艰难地挪动那被泥石冲伤的脚走上浅滩，抱住石头，岸上的村民一阵惊呼。等到小伙子抱着石头爬上岸，早已累得气喘吁吁了。几个外乡的石商跑上前去与两个村民买石头，经过一番讨价还价，最终一个以3000元的价格成交，另一个以3800元成交。

2008年10月26日，笔者带领会泽观赏石协会常务理事顾应堂驾车村冷风箐、小麦地、陡石坎等地调研。路发亮、路老双、陈达富等几个村民正在冷风箐的悬崖徒壁上开采铁胆乾坤石，一个脸盆大的石头快要凿出来了，但在脱离下黑层时的一瞬间，石头猛然滚下了900m左右的下叉河，摔成了几半；一天的艰辛劳动化成了泡影。他们站着直发呆（图2）。

2009年2月22日，云南省观赏石协会与会泽观赏石协会在迆石叉河召开了中国铁胆乾坤石之乡现场研讨会，中国观赏石协会科学与技术顾问张家志给到会人员上了铁胆石的成因一课，让人们进一步了解会泽铁胆乾坤石的形成原理。

迆石村，这里的村民以石为生

与坐落在乌蒙山脉中成千上万的村落一样，迆石村清静、古朴，却也贫穷、闭塞（图3）。黄褐色的梯田在群山中画出一道道线条，里面点缀着一间间灰色、白色、红色的房子和稀稀疏疏的植被，贫瘠的土地只能种苞谷、土豆、荞麦、燕麦，当地人日出而作、日落而息，却只能艰难度日。

要说迆石村真有什么特别之处，或许就跟村子的名字一样，石头特别多。房前屋后、古道两旁、田间地头、山沟河里、山上山下常常能看到一些圆滚滚的黑石头，当地人称之为"元宝石"。逢年过节，村民外出碰上了，就随手捡回来，堆在香案下面，据说这样会带来财运。村里的"元宝石"实在太多了，村民修房子，也找来几块圆石头，喊个石匠把圆石头上下磨平，就是天然的柱脚石了。

千百年来，迆石村村民只把"元宝石"用来观赏，或寓意着财运，谁也没想到，这些黑黝黝的石头真的给他们的生活带来了变化。有一次，一个村民捡了个"元宝石"，随手丢在了农村洗厕所用的草酸盆里，想洗干净再拿到堂屋去。没想到，不一会儿，就发现黑黝黝的石头上居然镶嵌着一粒粒金光闪闪的金属结晶，就像是哪个能工巧匠镶进去的一样，发出耀眼夺目的光芒。赶集的时候，村民把"元宝石"带到集市上，马上被商家高价收走了。这种经过清洗的"元宝石"值钱了（图4）!

这个消息如同重磅炸弹，很快在村里炸开了，村民们才恍然大悟，原来那些"元宝石"，不仅长得跟元宝一样，还真是老天爷赐予村民们的财富。房前屋后、地里田头、山上山下的"元宝石"很快被捡拾一空，干涸的迆石河中，随时可以看到扛着锄头、铁锹的村民，他们在河床中刨开泥沙，希望能多找到一两个"元宝石"。

每年夏天，山洪暴发，山体表皮部分松动的"元宝石"便被冲入河道中，被埋在河床中的"元宝石"也因为洪水的搅动，从泥沙中露出来。山洪来时，迆石村村民就像过节一样，蹲守在河道两边，等待着洪水赐予他们的礼物，有的村民甚至背着干粮连夜守候在那。中国人往往望洪水退却，而在迆石村，山洪却成了村民一年中最大的期待。迆石村的村民，过去年平均收入只有几百元，而好一点的"元宝石"，一个就价值几百上千元，难怪有人不惜冒险跳进山洪去追逐它们。

使迆石村村民疑惑不解的是，这些大小不一的"元宝石"，有的只用草酸轻轻擦洗，晶体便露了出来；有的泡上几天，篮球大的石头甚至缩小到鸡蛋大小，却也看不到任何金属晶体。在很长一段时间中，迆石村的村民已经顾不上给庄稼浇水施肥了，在外地打工的村民也回来了，全村老老少少都在自家院子里，用草酸清洗着一个个"元宝石"，刺鼻的草酸味道，在村里一直难以散去。有的石头只需用小小的小尖锤轻轻一敲，金烂烂的金属就显现出来了⋯⋯

铁胆石，结核石家族中的"金元宝"

中国观赏石协会科学与技术顾问地质学家张家志曾慕名来到迆石村，他发现村民口中的"元宝石"，真正的源头其实在岩层中。

在一户人家屋后的岩壁上，张家志找到了几颗尚镶嵌在岩壁上的"元宝石"（图5）。房主告诉他，母鸡要下蛋，石头也一样，"元宝石"就是岩石下的蛋。天天风吹日晒的，总有一天会掉落下来。一天晚上，有颗"石蛋"掉了下来，砸坏猪圈，压死了他家的老母猪。

几年前，有报道称，四川、新疆、福建、贵州、湖南、湖北等地的岩壁纷纷"下蛋"，贵州省黔南布依族苗族自治州三都水族自治县有一个"产蛋崖"，长20m、高6m的岩壁上孕育着数十个"石蛋"，有的刚崭露头角，有的已摇摇欲坠，直径30~50cm，表面有一圈圈类似树木年轮的纹路。

与迆石村的"元宝石"一样，这些"石蛋"，地质学上称之为"结核石"。它们是在漫长的"硬结成岩作用"过程中，地壳中一种或者几种矿物质，按照

图1　洪水中翻滚的铁胆石

图2　打捞铁胆石

图3　清洗铁胆石

图4　采挖元宝石

图5　镶嵌在悬崖峭壁上的元宝石

"物以类聚"的原理，向着一个聚集点——地质学上称为富含有机质的"小生境"，一般为岩层中生物的残骸，逐渐聚集、生长而形成的一系列矿物质团块。在中国，结核石在距今5.4亿年的寒武纪早期、3.5亿年的石炭纪早期、2.5亿年前的二叠纪早期地层中都曾有过发现，一般呈圆形、扁圆形、罗锅形，有硅质、钙质、铝质、镁质、锰质结核等之分。

迤石村、驾车村结核石中的金属结晶，经鉴定为硫铁矿，比起一般的结核石，其形成原因更加复杂。张家志推测，在大约距今5.4亿年前的寒武纪，当时的云南尚是一片汪洋，迤石、驾车村所在的位置是一个风平浪静的海湾，海水少有波动，容易形成缺氧环境，一些海洋生物游到这里，往往会缺氧窒息而死。生物腐烂后，体内的硫化氢与泥沙中的铁元素结合，形成硫化亚铁，后来在水中大量沉淀并聚集成团，以黄铁矿的形式结晶析出。黄铁矿即硫铁矿，因其浅黄铜的颜色和明亮的金属光泽，常被误认为是黄金，民间也称之为"愚人金"。在"硬结成岩作用"过程中，岩层中的其他矿物质围绕着"黄铁矿"不断聚集，就形成了黄铁矿结核石。经过几亿年的地质变迁，当年的汪洋成为陆地，岩层中包裹的黄铁矿结核，就成了今天看到的结核石。与岩层比起来，结核石硬度更高，风化得慢，岩层慢慢剥落，里面的结核石便露了出来，也就是我们看到的"石蛋"了（图6）。

或许是上天格外偏爱迤石村，结核石在中国虽屡有发现，有的也含黄铁矿，含量却不高，难以聚成结晶，并没有太多观赏价值。而迤石村的黄铁矿结核石，黑色的石胆幽深沧桑，金黄色、银色的结晶层层分布，镶嵌其中，光芒四射，故又有"铁胆乾坤石"的美誉，是一种少见的有艺术和经济价值的结核石，迄今仅在云南省会泽县、东川区、晋宁县、澄江县等地有发现，又以会泽县驾车乡的迤石村、驾车村、屋基村、白泥村最为集中。

不过，并不是所有的结核石都是铁胆乾坤石，村民洗不出结晶的石头只是普通的结核石罢了。而洗出了结晶的结核石便成了鹤立鸡群的翘楚，就是值钱的"金元宝"了！

山中寻宝，犹如大海捞针

迤石河早被村民刨了一遍又一遍，干枯的河床一片狼藉，到处是深坑与卵石堆，已找不到一个值钱的铁胆石。夏天的山洪虽能冲出一些铁胆石，洪水期却只有短短几天，况且岸上有几百双眼睛盯着，僧多粥少，既考眼力，还得有敢与洪水拼搏的胆量和体力。

既然铁胆石生在岩石中，村民们就纷纷打起了开矿的主意。

2011年6月25日，云贵高原的天气已一天热似一天，这天下午，迤石村村民福所柱、福绍德、扛着铁锤、铁钎，背着竹背篓，拎着塑料饮料瓶改装的茶壶，走向村后左侧龙杂的山腰上。在龙杂的山腰上，他们跟另外几个村民合伙开了一个矿洞。在迤石村，这样的开矿队伍很常见，几百号男人，三个一群，五个一伙，合伙开采铁胆乾坤石（图7）。

福绍德披上蛇皮袋做的背心，戴上头灯，提着铁凿钻进矿洞，几分钟后，洞中便传来了阵阵凿石声。接着，福所柱背着一竹篓黑岩石出来了，倾倒在山凹中。这是寒武纪的砂质泥岩，岩层厚度一般在15～80cm，分为上下两层，地质学上称为"上黑层"与"下黑层"，铁胆乾坤石就埋藏在"上黑层"中。

很快，矿洞中传来了阵阵欢呼声，原来发现铁胆石了。我钻进矿洞，矿洞高约1.5m，两个人并排都显得拥挤，弯着腰走上30m左右，一个磨盘大小的结核石镶嵌在岩层中。福所柱叼着烟，用铁凿小心翼翼地开凿着周边的岩石。矿洞潮湿、闷热，顶板居然没有任何支撑，也没有通风设施，而这些都是开采矿石最基本的措施。我蓦地想起我刚来迤石村的时候，一个老婆婆拉着我的手，哭着说，他的儿子跟几个年轻人开采铁胆乾坤石，在洞中打炮眼，矿洞塌了，一个也没跑出来。

一个多小时后，福绍德垂头丧气地爬出矿洞，坐在地上大口喘着粗气。他告诉我，刚刚那个铁胆石有一角残了。现在铁胆石都"成精"了，一旦残了就一文不值。矿洞外的草地上，下乡收购铁胆石的商人陈家才、陈达金已经昏昏欲睡了，他们在驾车乡经营着各自的铁胆乾坤石馆，每天天不亮就下乡，守在矿洞门口，等待着洞中不知何时会出来的铁胆石。

黄昏，山上的采矿队纷纷收工了，他们有的挖了几个饭碗大小的铁胆石，在溪流边清洗着战果，跟石商讨价还价；更多的人空着双手，唉声叹气；陈家才把收来的铁胆石绑在摩托车后座上，连夜开回了驾车乡奇石馆（图8）。

在追问与质疑中，铁胆石身价飞涨

第二天清晨，我来到陈家才在驾车乡的奇石馆，馆里早已忙活开来了。几十个等待加工的铁胆石铺满了院落，院子里摆着几个大桶，几个铁胆石浸泡其中，纵然涂上了一层墨绿色的草酸，璀璨的黄铁矿结晶仍隐约可见，在柔和的阳光下熠熠生辉。工人戴着防毒面罩，用角磨机打磨着一个个铁胆乾坤石，有的铁胆乾坤石结晶浅，用小尖锤敲去表面的皮壳即可；有的深，得用角磨机反复打磨。

陈家才戴上塑胶手套，将铁胆石放在水龙头下冲

图6　清洗完毕后的铁胆石

图7　搬运元宝石

洗，用刷子刷，杂质慢慢脱落，一颗颗米粒大小的金属结晶露了出来，一圈、两圈、三圈……一个熠熠生辉的铁胆乾坤石就这样诞生了。"别看只是用草酸洗洗，其实学问大着呢，草酸浓度大了，泡的时间长了，结晶要脱落，跟秃子一样，就算掉了一颗，也会影响它的价值。"陈家才说。经过这两道简单的工序，一个个乌黑的铁胆石，就蜕变成了一件件瑰丽的艺术品。铁胆石形状多样，有壶形、坛形、罐形、帽形、果形、沙锅形、铁饼形、车轮形、飞碟形、碗碟形、葫芦形、哑铃形、花生形等等，一颗颗金色、银色的晶体点缀其中，如同金银钻石镶嵌而成的浮雕纹饰，变幻出各式各样的图案，流光溢彩（图8）。

从2004年以来，铁胆乾坤石就在昆明、北京、成都、重庆、石家庄、南京、银川、柳州等地的奇石博览会上频获殊荣，令人耳目一新，也逐渐引起了西方人的关注。

迄今为止，铁胆乾坤石只在云南出产，这也难怪在2010年上海世博会上，铁胆乾坤石会与黄龙玉、大理石、金沙江怒江水石、普洱茶、禄丰恐龙化石、古滇国"牛虎铜案"、建水紫陶一同出现在云南馆中，成为地道的云南标签了。

我在会泽县城开了《江河颂奇石艺术馆》，2004年以来，收藏了价值几十万元的会泽铁胆乾坤石，许多国内外游客来馆看到铁胆乾坤石后都感到惊奇，他们难以相信铁胆乾坤石上的结晶居然浑然天成，石形各式各样，还说："是不是火山爆发时高温燃烧后形成的？"并要求我口头解达或者找个检测仪器检测给他们看。

就在这样的质疑与不解中，铁胆石的价格却一路攀升，从最初的一个几十元、几百元，到如今动辄成千上万元，自2005年10月云南省第二届赏石展（世博杯）到2012年7月的泛亚石博览会的8年里，每届展会上成交都很理想，2009年更以14万元的高价创造了铁胆石的最高成交纪录。而另一方面，铁胆石的产量却在锐减，任凭迤石村几百号村民怎么折腾，就差把山肚子掏空了，一天也只能出产几个铁胆石。

在西方人眼中，中国人喜欢收藏奇石，注重石头的形状、色彩、纹理与寓意，而西方人受18世纪初工业革命影响，更偏爱具有科学性的矿石与化石。从这个角度而言，铁胆石可谓中西方赏石文化的完美统一。2012年7月10日上午，北美观赏石协会会长、世界盆栽友好联盟国际顾问、BCI理事汤姆·伊莱亚斯，在中国昆明泛亚石博览会精品馆会泽代表团处，参观展品，并把世界盆栽友好联盟奖牌奖给了会泽铁胆乾坤石金奖获得者张小有。2012年2月，我重返龙杂，之前熙熙攘攘的山头，现已门可罗雀，福绍德的矿洞已经废弃，不知道他们转战到哪个山头上了。我绕着山头走了一圈，大大小小的矿洞不下千余个，不少已经被废弃了，洞口残留着一大堆黑岩石与生活垃圾。从山顶向下俯视，一堆堆黑色岩石填满了山沟，在阳光下尤为刺眼，如同大山的伤疤一般。远山偶尔会传来一声声沉闷的响声，接着腾起一团烟雾，在乌蒙山脉中飘荡着……

相信在不久的将来，铁胆乾坤石会发出更加璀璨的金光！必将在众多奇石爱好者的推动下走向世界！

图8　清洗完毕后的铁胆石

此文刊登于《中国盆景赏石》2012年第10期。

意因感立　景由心生
——"礼"的创作回顾

撰文、制作：陈友贵　创作地点：鸿江盆景植物园　收藏：吴国庆

作者简介：陈友贵，1985年生，云南昭通人。自幼喜好花草，2003年夏初涉盆艺，先后受教于任晓明、张志刚、曾文安老师。作品多采，具有鲜明个性，自然灵动，清雅传神。多次在全国盆景赛事中获大奖，其中《双龙会》（赤松）荣获"首届徽风杯精品盆景展"特等奖；《岁月峥嵘》（刺柏）荣获"2010厦门盆景展"一等金奖；《礼》（真柏）获"2013中国盆景艺术家协会会员精品展"银奖。2017年参加首届"中国爵——中国盆景作家大赛"，获得大赛第二名，被授予"中国盆景高级作家"荣誉称号。2018年3月被云南省盆景赏石协会授予"云南省盆景艺术大师"荣誉称号。

我出生于云南昭通的一个农村家庭，父母都是地道的农民，离校后就开始漂泊他乡，那时的我没有目标，没有理想，更谈不上追求，可以说吃饭都是靠亲戚朋友的施舍。我先后换了几份工作，要么不适合要么就是被辞退，这一切都是因为我任性、倔强、调皮的性格所导致的。2003年夏通过朋友介绍进入台州梁园和任晓明学习盆景，半年后也是因为调皮被辞退。梁总虽已辞世多年，我一直很感激他，因为是他给了我认识盆景的开始！

离开梁园后，我来到黄山鲍家花园，是张志刚老师包容了我的任性、倔强和自以为是，是他带引我走上人生的寻梦路，是他给我插上理想的翅膀，使我真正爱上盆景。很多人以为他只是我的老师，但是我早已把他当做我的亲人和知己！父母养育我他却知我、理解我，在遇到挫折时是他给我鼓励安慰。和他在一起的四年，是我成长蜕变的关键时期，那段时间也是我度过的最快乐的时光。

我是个幸运儿，2008年我在泉州又有幸遇到了曾文安老师，曾老师也是个性情中人，他把我当自己孩子一样看待，处处为我着想。把我从不知天高地厚教育到有自知之明。老师有些严肃但心胸坦荡，只要他懂的只要我能理解他会毫无保留，但是，至今老师独特的思想和超凡的感觉我始终跟不上！我喜欢跟不上他的感觉，这样他就像一座挖不空的宝藏！

《礼》是我有感而发的新作，前后创作了5年，虽显稚嫩，但它融入了我的内心情结，在此谨献给几位老师。此时此刻，我只想对几位老师说：学生有"礼"了，感谢你们，如果没能遇上你们不知道我的人生有多么的灰暗，遇上了你们我才懂得生活的精彩！您们的恩情我将永记于心。我也会沿着盆景的创新这条路阔步走下去。

当我第一眼看见这棵刺柏的时候就被它不寻常的腰身和回旋大跌枝所迷，深深为其吸引，这是我心中梦寐以求的盆景佳材。说到树的个性，当时就有一种感觉，它就像一个谦谦的学子在给老师鞠躬，其形体更像礼物的"礼"字，想到这里我的心潮有些涌动了，一种念师之欲油然而生，一想到老师们对我的恩情和不舍的栽培，我能用什么方式回报他们？我在问着自己！内心很快浮现了一种念想，将该树成景后送给我的老师们，我想这也是我送给他们最好的"礼"吧！

立意是盆景创作的初始阶段，也是最重要的阶段，它决定该树的前途和命运，通过深思熟虑后开始对枝叶进行弯曲和梳理（图1），通过五年的努力，历经雕刻、嫁接、蟠扎等多工序的营造，将一棵无序的刺柏变成一盆简洁多姿的真柏作品。这就是我送给老师的礼物。

以下是"礼"在创作过程中不同时期的图片（立意是盆景是创作的初始阶段，也是最重要的阶段，它决定该树的前途和命运，通过深思熟虑后开始对枝叶进行弯曲和梳理）。

图1　本体为刺柏。2008年夏对其舍利和枝条作初步造型

图2　2010年春摄，由于素材叶性不够理想，在2009年初已更换为真柏，嫁接的点位基本成活，树势也非常旺盛

图3　由于当时盆景审美，理解能力欠佳，舍利美的地方还没能挖掘出来，感觉腰身还是很圆润、呆板，线条也不明显，没有自然界古柏的沧桑和扭动感

图4　2013年4月进行再次改作，衡量利弊后决定将左高点枝叶截除留其主干作为舍利

图5　2013年4月进行再次改作，衡量利弊后决定将左高点枝叶截除留其主干作为舍利

图6　改作后的整体就显得不那么呆板了，舍利的线条明显了许多，扭动感也有了

图7　改作后侧面的效果

图8　舍利改作前后的对比

图9　舍利改作前后的对比

图10　暮色下侧面的姿态

图11　另种角度的味道

图12　进行摘叶处理

图13 背面局部的效果

图14 仰视的感觉

图15 改作后背面效果图

图16 历经5个春秋，数次改作的正面效果，树高116cm

图17 蜡像的味道

图18 《礼》真柏，高115cm，宽75cm，吴国庆藏品。2013中国盆景艺术家协会会员盆景精品展银奖作品

此文刊登于《中国盆景赏石》2014年07月，文字有改动。

探秘云南特色树种铁马鞭

翟应祖

作者简介：翟应祖，男，大专学历，1952年生，云南曲靖人。1971年参加工作到北关小学任教15年，任学校团支书、少先队总辅导员。为国家、省、市培养70余名尖子运动员，三人参加亚运会，并创记录。1987年调市（县级市）教委工作，任秘书科长、教育科长等职。2002年提前退休，痴迷于盆景艺术和奇石鉴赏，任云南省盆景赏石协会副秘书长、曲靖市老年花卉盆景赏石协会副会长兼秘书长，对曲靖地区的盆景组织、发展作出了较大贡献。

的优秀品质。

哪怕是旱灾之年，数月不见雨水，仍能顽强生存。即便是土壤较少，长期干旱使得叶片脱落，甚至细枝干枯，一旦雨水降落，土壤潮湿，照样生枝发叶，生机盎然。铁马鞭耐寒性也非常强，不惧冬日霜雪，在零下几度甚至十几度，冰雪满身，亦能生存。

关于铁马鞭

铁马鞭，鼠李科鼠李属植物，在《中国植物志》和《云南植物志》有详细的介绍。铁马鞭产于云南省滇东北地区，滇中、滇南部分县区也有分布。铁马鞭大多生长在海拔1500m以上的岩溶地貌的石灰石、石头山上，多数生长在石头旁边的石块中，甚至是石夹缝、洞穴之中，在当地称之为石爬棵、石爬柴等，为云南盆景人所宠爱，具有以下特点。

1. 生性强健，耐旱耐寒

铁马鞭依石而生，枝条似藤蔓绕石攀岩，生长海拔高，基本不与其他灌木为邻，锤炼了其耐旱耐寒

《从容》，李明作品，铁马鞭

2. 枝苍叶小，千姿百态

铁马鞭主干木质坚硬，苍劲曲折，千姿百态，枝叶斜展横出，枝梢的鹿角枝、鸡爪枝天然形成，苍古扭曲，疏密有致，飘逸豪放，舍利奇特。其叶片细小、常绿，卵形或椭圆形，基部圆形，边缘有细锯齿，滇东北地区一般是大豆粒大，叶上发亮，最小的叶片仅米粒大。其品种较多，基本上都是根据叶片大小形状及亮度来区分，如米叶铁马鞭、亮叶铁马鞭、尖叶铁马鞭、圆叶铁马鞭等。

3. 全身萌芽，枝条柔软

铁马鞭全树身都会发芽长枝，树龄越长，萌芽点越多，特别是30年以上树龄的桩体，由于不断发芽生枝，全树身长满气生包，气生包上又发新芽，在盆景制作中枝位选择面非常宽。另外枝条柔软，易于蟠扎造型，也是附石盆景上好材料。

4. 观花观果两相宜

铁马鞭每年4、5月份开花，花呈淡黄色，有芳香。果实初呈青绿色，到成熟时立刻摇身一变，成紫黑色，又黑又亮，分布在翠绿的小叶片间，十分抢眼。从开花到果实成熟自然掉落，可持续6～8个月。

5. 生命周期长

铁马鞭生命周期特长，具体寿命尚不明确。铁马鞭树龄越大，桩体越坚硬，表面青绿，但内心呈乌黑色，有的已碳化。木纹非常好看，老桩体可制作成珠子佩戴，也是制作根雕的上选材料。

铁马鞭的栽培与管理

1. 配土

铁马鞭对土壤的要求并不高，适应能力很强，酸性、碱性土壤都能够成活。以土壤松软、透气又保湿不渍水为佳，下面介绍几种配土方法。

方法一：三合一土，红土占20%～30%，腐殖土占30%～50%，沙粒占20%～30%，搅拌均匀即成。沙粒最好是颗粒，以黄豆或蚕豆大小为好，也可用烧过以后的蜂窝煤球敲碎后筛去细灰，浇水退火后替代。

方法二：如果树桩生长在酸性较强的白泥土中，也可用原生地的白泥土加沙粒或煤球渣、腐殖土合成栽培，同样，原生桩生长在黑土壤或红土壤中，也可采用此法比兑栽培，目的是让树桩适应土壤，尽快成活。

方法三：直接用腐殖土60%以上，加沙粒或煤渣搅拌后即可。

实践中，有的人还加入5%～10%的铁矿石或煤石风化片等，效果亦较好。栽活一年以上，上盆时再加入矿石，生长效果会更好。也有的在栽培入土前，先用稀释后的生根粉或生根液浸泡2～8小时后再栽，促其尽快生根。

2. 上盆

盆栽树桩必须选择底小、口大、透气性好的土盆，用筛片垫好盆底，在筛片上方垫2～3cm植物腐枝杆或沙石颗粒，再放一些配土，即可移栽树桩，树桩的须根向盆边斜展，把土填实，浇一次透水，置于通风阴凉处管理20天左右，再移到强阳光下养护。铁马鞭由生桩栽成熟桩后便可上盆，但什么时候上盆，关键要领是观察其根系是否丰满，只有在根系生长旺盛的状况下才可以上盆。一般小、微型铁马鞭在深栽1年之后便可上盆，中型要2年以上再上盆为好，大型桩材一般要栽3年以后再上盆，成活率才比较高。中大型铁马鞭生桩、采挖时，原生根系很难保障较好，栽培第一年，仅能长出很细弱的嫩根，如果此时上盆，风险非常大。上盆之后，最好再打一个小围子，半年以后再慢慢撤除，使其悬根露爪，达到栽培目标。

上盆的时间最好在春季萌动期，夏季生长旺盛期尽可能不动。上盆时可以同时完成拔桩、剔根、定位、栽枝、摘叶等工作。

3. 深栽保湿

铁马鞭生桩很难栽活，成活率较低，因此，当地人称之为"下山死""挪窝死"等。但也有不少人栽生桩的成活率可以达到百分之八九十，究其原因不外乎四个字——深栽保湿。

深栽就是要栽得深，一般来说要达到桩体的1/3左右。让桩体被更多的土壤围起，目的在于保持桩体潮湿，有利于生根。如果直接上盆，一是要选深盆，二是要打土围子。或者先地栽，使之适应了当地的水土气候，再行盆栽，成活率更高一些。

保湿并非天天浇水，而是要保持桩体干身的湿度，有利于发芽长新枝。一是早晚往桩干上少量喷水2～4次，二是在树干上裹上厚布片或塑料薄膜，待其发芽稳定、叶片变成绿色再逐渐松裹到除去，最后断水不喷。

4. 控水

铁马鞭由于生长在贫瘠的光山石岭，耐旱耐寒，不耐涝，故此控水尤为重要。生桩栽入土中后，第一次要浇透浇足，之后就要控制水分，不能三两天浇一次，只

《叠翠》，崔洪波作品，铁马鞭

《七彩云南》，钱育标作品，铁马鞭

《相思》，张印贤作品，铁马鞭

要保持土壤内稍潮湿即可。否则，浇水过多，土壤中下层渍水，反会使树桩烂根淹死。如遇大雨或连续几天雨水不断，需用塑料薄膜遮盖起来或搬至无雨的地方。

5. 施肥

铁马鞭上盆成活以后，便可以大水大肥地进行管理了。下面介绍几个施肥方法。

（1）农家肥。铁马鞭的施肥首推农家肥，猪、羊、牛、马等粪便都可以，但必须堆积加水，使其充分发酵后，适量加入盆底，或拌入土壤中，或投掷于盆土表面均可。

（2）动物骨头。把吃剩的猪、鸡、鱼、牛、羊骨头收集起来，敲成碎块或加工成粉粒，然后发酵做成颗粒球体，分散投入盆中。还可以加入一定的油枯、鱼粉等，共同加工成粉粒，发酵后投入。当然也可以把粉粒合剂装入容器里加水浸泡，过几天直接舀容器中的肥水兑清水淡化，浇入盆土之中。

（3）复合肥。使用复合肥方法十分简单，一是用水桶兑入少许复合肥稀释后直接浇入盆土中。最好是薄肥勤施，正常情况下，每半月追施一次；二是打点法，在盆土中分别取几个点，挖开表面土壤，放入少许复合肥，然后再盖上土恢复原样，选择点数或撒入复合肥数量可根据盆大小，土壤多少来决定，但一定要避开主根打点施肥，不可直接打点在主根边，以免烧伤跳枝。也可以撒在盆面后浇水，慢慢渗入。

铁马鞭比较耐肥，但仍然提倡少量多次，可在10天到半月左右浇一次，切忌猛施过量。有时不小心施过量了，盆内铁马鞭出现叶片下垂或变黄，应立刻采用灌水法施救。即反复多次灌水，使之肥力随水下渗出去，这样便可以把面临死亡的铁马鞭盆景挽救成活。

6. 光照

铁马鞭喜欢在阳光下生存，阳光照射越强生长越旺盛，可全天候阳光照射，一般每天阳光照射应该不低于4小时。若阳光少于4小时则枝叶细黄软弱。

此文刊登于《花木盆景》2015年01下半月刊。

梅花的应用及盆景造型

许万明

作者简介：许万明，男，1961年生，云南楚雄人。园林高级工程师。在昆明市黑龙潭公园从事原因工作多次组织参与国际、全国及省市级园林景观、花卉及盆景展览的组织工作，园林造景、盆景作品多次在全国及地方性展评中获奖，争创多项佳绩。多次受聘为园林工程系列、盆景展的专家评委，在昆明市属各县区、院校及盆协组织的相关活动中，进行园林绿化管养、盆景讲学和操作示范表演。对园林高级技工培训、城市园林绿化管养和盆景技艺进行教学和指导。相关论文和作品发表于国家和省市级专业杂志和报刊。先后荣获"中国杰出盆景艺术家""云南省盆景艺术大师""中国盆景高级艺术师"称号。

梅为蔷薇科落叶乔木或小乔木，树高3～9m，树皮灰黑色或紫褐色，小枝细长，枝端细尖，叶缘有细锯齿，叶柄短，先花后叶，花无梗，花有单瓣与重瓣之分，大都有香味，花有白、红、粉、绿、朱砂等色。花期因南北气候因素而早晚不一，昆明地区花期一般在每年12月上旬至翌年2月下旬。经多年选育，全国登录的梅花品种有320余个。梅花有11个品种群：单瓣品种群、宫粉品种群、玉蝶品种群、绿萼品种群、朱砂品种群、跳枝品种群、黄香品种群、龙游品种群、杏梅品种群、美人梅品种群、垂枝品种群。

梅花的应用

1. 栽培历史悠久　文化底蕴丰厚

梅花为我国传统十大名花之一，梅花的栽培已有2500多年的历史，唐宋时艺梅、赏梅、咏梅、画梅之风渐盛，梅花成片种植。宋、元后至明、清的近千年间，是梅花发展的鼎盛时期。梅花在我国有其深厚的文化底蕴，与国人之生活息息相关，我国人民与梅结下了不解之缘，形成了"梅文化"。梅花花为五瓣，象征"五福"即幸福、快乐、长寿、顺利、平安。

梅花为长寿花木，昆明黑龙潭公园祖师殿前，现存唐梅遗址有一株"唐梅"，虽已于1923年死亡，但枯干犹存（其旁成活的一株为红梅，于2003年补植），推算至1923年也有1000多年的历史（图1）。昆明黑龙潭公园内百年以上的古梅就有20多株。

历代文人墨客以梅为题，留下了许多不朽的诗书画作，通过咏梅，赞美梅的色、态、香、韵，寄托了诗人们对生活的热爱和追求，表达了他们对当时社会、人生的评价和感悟。王安石的"墙角数枝梅，凌寒独自开。遥知不是雪，为有暗香来"。林逋的"疏影横斜水清浅，暗香浮动月黄昏"。阮元的"千岁梅花千尺潭，春风先到彩云南"。硕庆的"两树梅花一

图1　黑龙潭公园"唐梅"

潭水，四时烟云半山云"。毛泽东的"已是悬崖百丈冰，犹有花枝俏……"。梅花的品格成为了我国坚忍不拔的民族精神象征。我国已故园林专家、观赏园艺的开拓者、中国工程院院士陈俊愉教授，研究梅花达60余年，他早在1992年出版的《历代梅花诗选》一书的序中赞春城昆明的梅花："春城梅花早又好，滇中先开天下春"。

2. 梅花的园林应用

到目前为止，中国花卉协会梅花蜡梅分会，每两年举办一次的全国梅花蜡梅展览会，已分别在武汉、南京、无锡、昆明、上海等城市举办了16届。1991年在武汉成立了中国梅花研究中心、2012年在昆明成立了西南梅花研究中心，花展的举办和梅花研究中心的成立，无疑将推动梅花资源科学合理而更加广泛的开发利用。

野生梅分布于我国大江南北，包括长江流域、珠江流域、西南地区和台湾岛。西藏、云南、四川、贵州、陕西、湖北、湖南、广西、福建、安徽、江西、河南、江苏、浙江、台湾等17个省（自治区、直辖市）有广泛分布。西南地区是我国野生梅花分布中心，尤以云南为最。

梅花以稀、老、瘦、含为最美。梅花除了可以通过建立梅花专类观赏园、梅花专类盆景园供人观赏外，在造园中还被广泛应用，园林和私家庭院造园中可孤植、丛植、片植、道路带状栽植和盆栽观赏。在花事活动中，与其他花卉、山石、溪流组合布置，特色鲜明。在公园内，利用梅花组成园林小品、写意盆景或用松、竹、梅组合成"岁寒三友"供游客观赏，别有风韵（图2、图3）。梅花在寒冬百花凋零时节开放，深受人们喜爱，将梅花花枝插于瓶中或开花时陈设于室内早已成为民间习俗，用梅花美化居室、清香宜人。

3. 梅果的加工应用

"已知考古发掘中最早的为河南新郑裴李岗墓葬出土的盛器内发现有梅核、酸枣和核桃壳等，说明那时先民们已食用梅果并将其作为陪葬品供奉已故先人。因此，早在7000多年前我国先民已经重视梅果的使用价值"。云南人民对梅果的利用已有3000多年的历史，梅果的加工在云南距今已有1000多年的历史，目前云南，尤其是滇西北大理、丽江地区是中国梅果加工产业最完备发达的地区之一。

梅果营养价值极高，含有碳水化合物、脂肪、蛋白质以及多种有机酸、维生素、矿物质等，对人体有药用及保健作用。梅果生食过酸，主要加工成梅制品进行销售，现今，梅果加工兴旺发达，种类繁多。加工成梅制品，不受地域和季节限制，人们可以随时随地购买品尝到种类繁多、美味可口的梅制品。

梅果的加工主要制成四大系列：果脯系列（苏裹梅、炖梅、雕梅、话梅、脆梅、乌梅、咸梅干、梅酱、酸梅晶）；果酒系列（雕梅酒、青梅酒）；饮料系列（青梅汁、酸梅汤）；调味品系列（梅子醋）。

4. 梅花系列香水问世

浙江长兴东方梅园，不但设有梅花盆景专类园，而且种植梅花3000多亩，经过努力，已于2011年开发研制出梅花香水系列产品，已获得专利，现已投放市场。

梅花盆景的造型

1. 造型的基本原则

梅多以老干曲枝、盘根错节、疏花点点为佳品。清代龚自珍曾写道："梅以曲为美，直则无姿；以敧为美，正则无景"。对盆栽梅花主干不进行艺术加工，让其自然生长，不但无姿态可言，同时也不易开花，故梅花造型要掌握因树造型、因势利导的原则。其一是对主干进行雕琢整型，以求苍劲古雅，变化多姿，形成枯木逢春之韵味，但不要加工过度，应遵循自然规律，师法自然，力避人工雕琢味，使艺术美与自然美有机地结合，才富有诗情画意；其二是枝片造型应吸取历代画家作品中的艺术表现手法并结合梅花生物学特性，对梅枝进行艺术加工。枝条造型以剪为主、金属丝蟠扎为辅的方法制作，使枝条分布自然美观。对梅枝造型要弃繁芜、留清瘦，疏密有致，主枝3~5枝为佳，侧枝因树酌留。

2. 梅花的修剪

修剪是梅花造型的主要手段，是梅花栽培和造型上的一项重要技术措施，梅花的修剪贯穿于梅花的整个造型中。梅花修剪造型的好坏直接影响其观赏价值。修剪原则：对过密的枝条疏剪，留枝的长短和剪口芽的方向要根据造型的需要灵活掌握，一般留2~3芽剪截。通过修剪使各级枝条由粗渐细、分布合理，层次分明，改善树冠内部通风透光条件，使造型更加美观。梅花因品种不同，其发枝力有强有弱，如虎丘晚粉、多萼朱砂等，大部分芽却能萌发为枝条，枝多而细，树冠内部通风透光条件不良，枝条营养不足，很难形成花芽，修剪时应强剪和疏剪其中部分枝条，以增强树势多形成花芽。对发枝力弱的品种如金钱萼、绿萼、丰后等，枝条上的叶芽大部分不萌发，变为修眠芽，枝条少而粗，应进行轻剪。

3. 梅花造型的几种基本形式

梅花盆景造型一般选用地栽养护多年后的梅花，上盆前进行整型修剪，并根据树形和造型需要栽于盆内后再继续造型。日常养护以素烧盆为佳，因其透水透气性能好，有利于梅花生长。为提高观赏价值或展出需要，在开花前可上紫砂盆，盆面铺苔藓，摆上展台、配置几架，以达到最佳的观赏效果。梅花涉及具体的造型，在遵照造型基本原则的前提下，必须针对不同的树材进行不同的造型。梅花的造型一般有如下9种基本形式：

（1）斜干式。针对主干太粗、不易拿弯的干形，上盆时有意将主干向一侧倾斜，枝条经多次修剪和蟠扎养成，也可延生出双干斜干式、三干斜干式组合。斜干式梅桩有动感，潇洒豪放，别有风韵，很受人们喜爱。

（2）直干式。梅花主干直立，枝条向上伸展，以体现梅花昂扬斗志、斗霜傲雪的崇高品格。一般选用主干平直较粗不易拿弯的桩材，造型时对主干进行雕琢，注意对裸根的培养，根盘要向四周分布，有稳如泰山之势。

（3）曲干式。曲干式造型，宜选用细小的材料，幼苗地栽养植时就开始造型，对主干造型宜曲不宜直，通过吊、拉、扎、雕等技术手段，主干做成不规则的弯，弯不宜过多，且要弯曲自然。主干造型完成后，对侧枝进行修剪并适当蟠扎，还可通过嫁接技术手段，更换梅花品种（图4）。

（4）卧干式。卧干式为根干横卧于盆中。卧干式梅桩，淡雅清丽，以静制动，姿态优美。因卧干式根干横卧于盆面，要注意上部枝干的塑造要与下部的卧干一气呵成（图3）。

（5）悬崖式。悬崖梅桩以苍古怪奇、风韵飘逸为贵，为古今人们所喜爱的形式。在上盆培养时，把梅花剪去部分须根，再将留下的根理顺栽于盆内，主干横出或倒悬盆外，主干上的侧枝通过蟠扎修剪形成错落交替的自然枝片，如潜龙扶摇直下。

（6）一本多干式。干从根茎处分出多个枝干称为一本多干式。

造型上主要注意剪除重叠枝、平行枝和交叉枝，上部枝条也要有长短、达到高低错落，避免枝条零乱繁杂（图4）。

（7）垂枝式。主要是对梅花的枝条进行剪、拉、吊、扎等技术手段造型，使枝条下垂，开花时柔美多姿。可单株或两株栽于一盆内，或可多株组合成丛林式、水旱式。

图2　盆景园后门出口照壁上刻有"唐梅碑拓"照壁前布置了落地式写意盆景"满园春色"再现经典

图3　梅花色叶植物配置的"梅花溪"

（8）水旱式。水旱式即一盆中既有水面又有旱地。一般用浅口盆易于表现主题。水面用山石胶接使之与旱地隔开，旱地配置梅花，可一株或多株配置，但总株数一般为奇数，配置时应处理好植株的主次、粗细、高低、大小、远近、聚散等关系，把握好比例关系，注重整体效果（图5）。

（9）写意式。历代文人墨客以梅为题留下了许多不朽诗书画作，中国人对梅花赋予了厚重的人格意义，形成了"梅文化"，梅花已经渗透到人民群众的文化生活之中。写意式就是通过构思，应用美学规律，因意赋形，根据题意，对梅花素材及其他辅材进行组合配置，将题意充分表达出来。如可以以"踏雪寻梅""岁寒三友""花中君子""十全十美""五福临门"等为主题的多种表现形式（图6）。

图4 曲干式（全国银奖 许万明作）

图5 园内收藏许万明大师制作的水旱盆景

图6 大型写意式全国金奖盆景《寒梅闹春》

此文刊登于《花木盆景》2015年03月，标题及内容有增减改动。

云南黄杨初探

陈希

作者简介：陈希，男，1987年生，云南大理人。南京农业大学园林植物与观赏园艺硕士，大理白族自治州盆景协会副秘书长，大理大学教师。自幼受母亲影响酷爱盆景。

说起黄杨，大部分盆景爱好者都不陌生，是极佳的盆景素材。"咫尺黄杨树，婆娑枝干重。叶深围翡翠，根古踞虬龙。岁历风霜久，时沾雨露浓。未应逢闰厄，坚质比寒松。"元代诗人华幼武的这首《咏黄杨》道出了黄杨枝密、根古、叶翠等优良的特性，可以说是自然界大树的天然缩影。不仅如此，黄杨还具有生长缓慢、寿命极长的特点，它独特的气韵也赢得了中国历代文人墨客的赞誉，在中国灿烂的文化中有着自己独特的一席之地。

南宋文学家楼钥在《洛社老僧听琴》中道：宴坐萧斋不作劳，谓予何事走蓬蒿。从容试问今年几，手植黄杨三丈高。诗中用三丈高的黄杨隐喻老僧的高寿，十米高的黄杨要长百年左右，足以可见黄杨生长之慢，寿命之长。北宋文学家，"苏门六君子"之一的李廌在《黄杨林诗》中写道：黄杨性坚贞，枝叶亦刚愿。三十六闰久，增生但方寸。诗中对黄杨枝叶坚贞刚毅的品性极为赞赏，三十六年只长粗了几寸，可见黄杨大树颇为难得。"方石斛栽香百合，小盆山养水黄杨。老翁不是童儿态，无奈庵中白日长。"宋代爱国诗人陆游的这首《龟堂杂兴》中更是直接描绘出用盆来栽培水黄杨，可以说是对黄杨盆景最早的描绘，可见在宋代就已经将黄杨作为盆景来人工栽培，足以看出黄杨在我国盆景文化中的地位。

关于云南黄杨的品种

盆景界所栽培的黄杨是黄杨科黄杨属植物（*Buxus* L.），本属亚洲分布有29种，我国已知的黄杨约17种以及几个亚种和变种，主要分布于我国西部和西南部，其中云南省有6种，2亚种，1变种，2栽培种，单从种类分布看，云南一省即占全国一半以上，品种十分丰富。由于云南黄杨品种丰富，桩材优秀，收藏和养护的盆友较多，可以说是云南盆景极具代表性的品种，接下来笔者将对目前云南省几个主要的黄杨品种从盆景的角度做简单的分类，并进行对比和介绍。

1. 大叶黄杨

云南大叶黄杨主要有3个品种，即阔柱黄杨（*Buxus latistyla* Gagnep.），毛黄杨（*Buxus mollicula* W.W.Smith）以及杨梅黄杨（*Buxus myrica* Lévl），其中以阔柱黄杨（又称阔叶黄杨）最为常见，云南中部，中西部均有分布，毛黄杨主要分布在海拔1700m左右的江边。以上3种黄杨叶片均相对较大，叶长通常都在3cm以上，叶形通常为椭圆形、卵形或者长圆披针形（图1），分枝较为稀疏，叶薄革质、近革质或坚纸质。以阔柱黄杨为例，其叶片长度通常在3~8cm，宽1.5~3cm，叶革质或坚纸质。

大叶黄杨的优点是桩材较大，桩型大气厚重，生长速度相对较快，这类黄杨的缺点是叶片较大，叶片厚度和革质均较薄，叶片光泽度相对较低，分枝稀疏，适合做中大型盆景。

2. 雀舌叶黄杨

这里所说的云南雀舌叶黄杨类与大家通常熟知的雀舌黄杨有所不同，是指叶形细长如雀舌的一类黄杨，当然也包括雀舌黄杨，主要有雀舌黄杨（*Buxus bodinieri* Lévl）和河滩黄杨（《云南植物志》），又称滇南黄杨（《中国植物志》）（*Buxus austro-yunnanensis* Hatusima）。河滩黄杨根据其名字即可判断，通常分布在云南南部低海拔的河谷，河滩区域，雀舌黄杨在云南则分布较广。两者的共同特点是叶细而长，通常长2~4cm，狭卵圆形，叶薄革质（图1）。此类黄杨叶片较上述大叶黄杨类小，光泽度也比其高。

这类黄杨的特点是叶形别致，分枝较大叶黄杨类密，树皮枯老有较深的褶皱和鳞状斑块，树皮观赏性佳，适应性较好，但树桩相对较小，桩型以丛林和高干形居多。

3. 小叶黄杨

云南的小叶黄杨通常是指皱叶黄杨（《中国植物志》），又称高山黄杨（《云南植物志》）（*Buxus rugulosa* Hatusima），及其几个原亚种（ssp. *rugulosa*）和原变种（var. *rugulosa*）。这类黄杨叶片长度通常在1.5~2.5cm，宽度6~12mm，叶革质，菱状长圆形、长圆形或狭长圆形、稀椭圆形，先端钝或圆或有浅凹口，基部急尖或楔形。它们最典型的特征是叶面光亮，中脉凸出，叶边缘下曲，很像豆瓣（图1），因此往往又被称为"豆瓣黄杨"。此类黄杨分布区域较为狭窄，主要分布在云南西北部大理—丽江一线，海拔1900~3500m。

这类黄杨的优点是叶小枝密，叶片厚实圆润，光亮极高，分枝较密，树形端庄自然，是极佳的盆景素材（图2）。这类黄杨相比大叶黄杨类，桩材偏小，罕有20cm以上的大桩，生长速度相对较慢。

4. 极小叶黄杨（珍珠黄杨）

这里所说的云南极小叶黄杨，也就是大家常说

图1　一元硬币左边为大叶黄杨，上面为雀舌叶黄杨，下面为小叶黄杨，右边为极小叶黄杨

的"珍珠黄杨",学名是平卧皱叶黄杨(《中国植物志》),又称铺地黄杨(《云南植物志》)[Buxus rugulosa var. prostrata(W. W. Smith)],是前面所介绍的皱叶黄杨的变种,叶长8~11mm,宽5~8mm,椭圆形或倒卵圆形或长圆形,分枝极多(图1)。这里有必要说明的是,关于云南的"珍珠黄杨"与原产安徽黄山的"珍珠黄杨"有所不同,安徽黄山所产"珍珠黄杨"学名叫小叶黄杨(《中国植物志》)(Buxus sinica var. parvifolia M. cheng),两者是不同的种,但是有些相似性,两者叶片大小相当,安徽黄山产小叶黄杨叶片为薄革质,而云南铺地黄杨叶片为厚革质,至于到底哪种才是所谓正宗的"珍珠黄杨"笔者不作任何讨论。

这种铺地黄杨的优点是的叶片极小,分枝极密,叶片厚,光泽度极高,枝干苍老瘦硬多树瘤,树形低矮,是小品盆景和微型盆景极佳的素材(图3)。稍大的桩材极为罕见,主干粗度在10cm的已经是非常难得的大桩,其缺点是生长速度非常缓慢,养护难度较大。

关于云南黄杨的移栽和养护

1. 移栽成活问题

据不少盆友反映,云南黄杨比较难移栽,尤其在外省移栽,成活率普遍较低。其实云南黄杨和其他地方的黄杨在植物生理属性上有很大共性,黄杨在盆景界可以说是相对容易移栽和养护的品种,云南黄杨同样如此,笔者自己在大理栽培各种黄杨的成活率还是很高的。根据笔者浅见,云南黄杨省外移栽难成活主要存在以下几个问题。

(1)山采方法不当。云南大部分地区是少数民族聚居区,盆景知识和技术相对匮乏和落后,进行山采时存在诸多问题,例如山采时节不适,截根不当大量根系遭到破坏,枝条修整不到位,树皮水线破损,采后管理不当等等。这首先就使下山桩的质量受到了很大损毁。

(2)移栽间隔时间过长。很多盆友对这点了解不多,云南山高林密,尤其是很多优秀的桩材都生长在人烟较少、交通不便的山区。黄杨桩山采之后,一般要积攒一定数量才发往交通便利的地方,当地的百姓挖桩之后通常长期浸泡在水中,这个过程短则两三天,长则一周,甚至更长,到了交通方便的县城或集散地之后再停留一段时间售卖,停留时间就更加难控制,最后再历经几天运输到省外,离云南较远的省份需要3~5天,刨除盆友自己移栽耽误的时间,一棵黄杨从山中挖出到移栽种下,至少也要一周左右的时间,长的要两周甚至更长。间隔了如此长的时间,再加上长期的浸泡,从表面看叶片和枝干还新鲜,但是

图2　高山黄杨,树高70cm,干径16cm

图3　铺地黄杨树,高30cm,干径10cm

黄杨的很多根系已经窒息死亡，或者脱水死亡，即便没有死亡，整个根系和植株的活力已经很低，很难再次生根，这是影响移栽成活最大的因素。

（3）移栽环境条件差异过大。云南的气候笔者不必多言，大家多少有些了解，四季变化不分明，特别是很多黄杨的原生地海拔较高，年积温偏低，到外省进行移栽对季节性和环境条件就有一定要求，当差异较大时，自然成活率会受到影响。

（4）桩材树龄和体量过大。随着我国盆景的发展，盆景体量越来越大，部分盆景已经比自然界的大树还要大，本来大桩的移栽就难，加之很多黄杨大桩的树龄过老就更是难上加难，这就好比给一个行将就木的老人做大手术，还要让他焕发青春，这原本就是不太可能的事，所以说难成活自然就很正常了。

2. 养护问题

关于云南黄杨在云南省内的养护，由于气候条件较为适宜，养护难度相对不大，笔者在此不做过多介绍，但是要养好还是需要很多技术和经验。

云南黄杨在省外养护主要注意几个问题：

（1）光照。云南的黄杨在原生地大部分光照比较充足，尤其是"珍珠黄杨"，一般生长在高山顶端的草甸或者石坡上，周围基本没有其他较高植物的遮挡，全年光照十分充足。黄杨耐阴，但长期遮阴，虽然叶色翠绿，但是长势会受到极大影响。尤其是夏天，外省气温通常较高，昼夜温差小，植物的呼吸作用很强，养分消耗很大，如果此时光照不足，很容易影响黄杨的光合作用导致代谢性饥饿，长期下来即导致植株死亡。因此成活后的黄杨，一定要注意足够的光照。

（2）避霜。由于云南秋天和冬天气温相对较高，霜期不长，黄杨的生长期相对较长，在省外如果黄杨刚移栽成活或者成活年限短，其根系和枝叶相对较弱，极易受到剧烈变化的低温和霜冻的影响，造成冻害，成活稳定之后就可以正常过冬。

已经成活稳定的云南黄杨拿到外省养护还是比较容易成活的，笔者的一棵高山黄杨（豆瓣黄杨）在江苏南京古林公园郑志林先生的盆景园中养护了2年（2012—2014），长势良好。

关于云南黄杨盆景的未来和发展

1. 资源的保护和合理利用

随着近些年大量的采挖，云南黄杨的资源正在锐减，逐渐走向枯竭，拿"珍珠黄杨"中叶最小最厚的一个品种来说，在其原产地一个盆友指着远处的山顶对我说，"珍珠黄杨就长在那个峰顶后的斜坡上，现在上面只剩下筷子粗的小苗了，再过几年估计小苗都没了。"随着国家物流、信息产业以及电商的不断发展，云南的"珍珠黄杨"从发现至今，短短四五年的时间就近乎枯竭。其他黄杨的命运也基本相似，一个地方只要发现，就会遭到不加节制的开采。但是这些黄杨由于上述所说的种种原因，绝大部分都没有移栽成活，这是对自然资源极大的浪费和破坏。资源保护已经迫在眉睫，请珍惜每一棵树。

当下环境污染严重，自然和生态遭到了极大破坏，云南在全国来说自然资源和生态环境相对较好，这就更应该珍惜。盆景原本就是对自然的敬仰和亲近，所以更应该珍惜生态环境，合理利用黄杨资源，切勿暴殄天物。

2. 引进来和走出去

云南省有许多优秀盆景素材，但盆景起步较晚，很多盆景爱好者对盆景的认识不深，盆景养护和制作的平均水平处在较为初级的阶段。笔者认为首先应该将国内外先进的盆景养护制作的技术和理念引进来，这些年在云南省盆景协会的引领和各地州盆景协会的不懈努力下，省内开展了不少高水准的盆景展、培训班以及交流研讨会，极大地促进了云南盆景的发展。端庄俊秀中透露出的浑厚与奇特是云南黄杨所特有的气韵，黄杨，已经逐渐成为云南盆景极具特色和代表性的树种，在今后的养护和制作中还需不断学习国内外先进技术。

然而云南黄杨有着自己所特有的品性和气质，在学习和引进外面先进技术和理念的同时，结合云南黄杨和云南盆景的特点，不断进行探索和总结，形成一套自己的养护制作体系，摸索出一条适合云南黄杨盆景发展的道路。让云南的黄杨盆景走出云南，走向全国，乃至走向世界。

此文刊登于《花木盆景》2016年04下半月刊。

山水盆景创作程序与方法

韦群杰

作者简介：韦群杰，男，1960年生，云南文山广南人。现任西南林业大学体育学院院长、教授；BCI国际盆景大师、中国盆景艺术大师、云南省盆景艺术大师；西南林业大学绿色发展研究院客座研究员，园林学院盆景学教授；中国风景园林学会花卉盆景赏石分会副理事长；云南省盆景赏石协会理事长。是"云南省盆景赏石协会"的发起人和创始人之一。其作品参加省、全国、国际盆景赏石展览曾多次荣获大奖；常被邀请参加全国和全省盆景报告会和盆景制作表演以及聘为各级盆景赏石展览会主席评委、评委、监委等。其作品具有"雄奇秀美、自然流畅、气势磅礴、诗情入画"的艺术风格。

　　盆景艺术源于中国，它是中华民族几千年来共同创造出来的一种独特的造型艺术，它继承了秦、汉之雄风，又融入了盛唐之宏气，历经宋、元、明、清及近代，又沐浴孔、孟、老、庄哲学及现代美学思想，而成为自然美与艺术美融为一体的独特的艺术形式。虽几经沧桑，却经久不衰，深受国内外人们的喜爱。有"高等艺术""立体的画""无声的诗"的美誉。是集自然美、艺术美、意境美为一体的活的艺术珍品，是儒、道、佛的精神合一。

　　在我国，山水盆景始于汉代，发展于唐、宋，盛行于明、清，继承、发扬、创新、普及、提高、繁荣、昌盛于现代。山水盆景是我国盆景艺术中的一个重要的组成部分，是我国盆景艺术中成型最早的盆景类型，在世界艺术宝库中独具风格。

　　山水盆景与我国的诗画一样，源于自然，源于生活，是最具有中国盆景诗情画意、情景交融的艺术形式，比树木盆景更能让人产生联想，更能表现大自然的诗情画意、情景交融的神韵。中国盆景艺术大师、台北树石盆景协会名誉会长梁悦美说："我在实践中体会到，中国山水盆景是中国盆景最大的特色，也是其精髓所在。"它与中国画的章法、笔墨、意境，有着密切的联系。

　　山水盆景，由于历史悠久，在继承与发展过程中，受地区政治、经济、文化、地理、气候和民众的艺术修养以及创作者的生活经历等因素的影响，逐步形成自己的特点，产生不同的风格。

　　我在三十多年的盆景创作、学习、教学过程中，总有个梦想：就是想把云南特殊的地理环境，特色的民族风情，雄奇秀美、气势磅礴的山水风光用盆景的形式表现出来，经过近三十年的材料收集，创作出一批表现云南大山大水的山水盆景，充分展现了彩云之南的雄浑奇秀之美。

现把《云岭画意》的创作程序与方法分享给大家，并请盆景界的大师、同仁以及爱好者批评指正。

第一个程序与方法：立意

所谓"立意"，就是在创作之前或之后，给作品确定一个中心思想，也就是一个主题。在创作山水盆景时，立意的方法有三种：第一种是"意在笔先"，第二种是"因材创意"，第三种是"因景立意"。

1. 意在笔先

就是先打腹稿。当我们游览名山大川之后，或从诗词、诗歌等文学作品中感触的内含和意境深深打动我们的内心世界，很想把大自然和文学作品中的美景再现出来，于是根据所要表现的内容与景象，选择恰当的石料去制作。这和画山水画一样，胸有丘壑，意在笔先。古人在《山水论》中说："凡画山水，意在笔先"。"先具胸有丘壑，落笔自然神速"。这不仅是画山水画的秘诀，也是山水盆景创作的重要依据。

2. 因材创意

这主要是根据现有石料的创作来创造意境。有时是靠灵感创造意境，边制作、边布局，灵感、意境也就出来了。山水盆景的创作往往受到石料的限制，因此在创作过程中，要机动灵活，就料设计，因石制宜，根据天然的形态、大小、色泽、皱纹等自然特点，边布局、边构思、边立意。这种因材制宜创作的山水盆景，要尽最大努力，保持石料的天然之趣，不合情理的地方，只作适当的加工。只有自然美和艺术美有机结合，才能恰到好处地收到事半功倍的艺术效果。

3. 因景立意

这有两种情况：一是受材料限制，先根据现有材料制作出盆景作品，再根据盆景的景观来立意；二是当我们从市场上买回一盆景时，被盆中的景观深深打动的内心世界，会让我们产生很多联想，于是根据我们联想的内容与景象，给这盆盆景取个名，因景立意。

意在笔先、因材创意或因景立意是创作山水盆景的最大特点，也是其艺术魅力之所在。前者为主观型创作，后两者为客观型创作。两者可灵活运用，不可顾此失彼。因为盆景创作与绘画不一样，它受到石料和空间的制约，不像绘画那样随心所欲。因此，在一般情况下，大多以"因材创意"的客观型创作为常见。意境的好坏，往往是品评作品优劣的重要标准。

意境高雅、新奇的作品，气韵生动，荡气回肠，耐人寻味。而"景无险夷"、刻板老套、照搬自然的作品则使人感到平淡无奇。

因为意境的好坏，往往是品评作品优劣的重要标准，所以我在创作《云岭画意》之前，我所立的"意"就是要表现云南大山大水的诗情画意。

第二个程序与方法：选石

根据"立意"的要求，第二个程序就是对石料进行选择。要创作出一盆好的山水盆景，对石料的选择是相当重要的一个环节，它关系到一盆山水盆景创作的好与否。因此，要选择石种、形态、色彩、质地、纹理要统一的石种。如用硬石石料时，应选择同一石种、自然形态较好，色彩统一，纹理丰富，脉络清晰，奇特峭峻，变化丰富的石料，略为加工，进行人工拼接，即可造景。用软石石料时，还是以自然形状各异、洞穴明显、孔道通畅的为好。

不论选用何种石料，都应对石料进行全方位地审视，仔细勘酌和推敲。对石料要审其质、看其形、观其色、察其纹、听其声。苏东坡说"石文而丑"。郑板桥论石有"丑而雄，丑而秀"。米芾论石亦有"漏、透、瘦、皱"的说法。现代人选石，除了借鉴古人漏、透、瘦、皱、奇、丑六字之外，还加上形、色、质、纹、声、线、美等天然形成而又富韵律的山石，才是理想之石。所以，选用的石料要有特色，富于变化，切忌平淡无奇。好的山石，既成形，也容易成景（理想的可以独立成景），所以，在选择石料时，应注意选用外形富有变化的石料。首先选择石种，其次选择主峰，再次选择配峰、次峰、远山、坡脚石、礁石、点石……。在一个盆里要选用石种、色彩、纹理、形状都较统一的石种，不要把几种石种、色彩、纹理都不统一的石种混合使用。否则会出现整体不协调、违反自然的规律（图1）。

第三个程序与方法：选盆

山水盆景的盆，一般用白色大理石或汉白玉制作的浅口盆。盆的形状有长方形、椭圆形、正圆形、不规则形等，可根据"立意"的要求来进行选择适合的盆。如表现"高远"的选用正圆形或者长方形的盆，表现"深远"的可选用正圆形或者椭圆形的盆，表现"平远"的可选用正圆形、椭圆形、不规则形的盆等。

根据"立意"要求选择椭圆形的盆（图2）。

第四个程序与方法：石料加工

1. 锯截石料

石料锯截是非常重要的一道制作工序，特别是对于那些硬石类材料来讲，更是关键，往往靠"一锯定成败"。如锯得不好（或凸凹不平，或偏斜或短、或长等）就会给制作带来许多不便，重新返工或再加工，既浪费精力和时间又影响创作情绪，严重者还会因失误而失去一块理想的石材，为之惋惜不已。另外，在锯截山石时，应特别注意操作安全，尤其是以切割机械锯截石头时，更应稳重谨慎，切不可马虎急躁，以免发生不测事故。

对于木化石、石英石等硬度相对高的石种，用切割机进行锯截。小而薄的石块只需要画一道线即可锯截，以防偏斜。锯下的山石，一定要保持底部（即截口面）的平整，宁可中间凹进去，也不能使中间部分凸出，否则站不稳，无法进行下一步的制作（图3）。

2. 清洗石料

清洗石料时要选用硬度适中的刷子进行刷洗，把附着在石料表面上的泥土、石渣、杂质、青苔等附着物洗掉。清洗的方法有两种：首先是用清水清洗，清水洗不掉的附着物等，再是用盐酸清洗。有些雕琢和打磨过的石料留有人工痕迹，用盐酸清洗后就不会留下人工痕迹，而且会使石头的纹理更加清晰明亮，光彩照人，宛若天成。特别是对山脚和两石结合部（需要用水泥或胶合剂黏合的部位）更要清洗干净，胶合时才能黏合牢固地（图4）。

第五个程序与方法：布局

布局，在山水盆景创作中，是重要的一个环节，也是最能体现创作者水平的重要因素。它相当于绘画中的构图，因它是立体的，所以必须考虑到多侧面的不同角度的造型，包括处理盆景各部分的大小比例，远近虚实的变化和"三远法"（高远、平远、深远）、"三层法"（上中下、左中右、前中后）的运用。主与次、疏与密、顾与盼、呼与应、动与静、虚与实、藏与露……的各种关系以及山石、水面、植物与点缀等的合理布局。因此，创作者必须注重在较小的空间里展示出最大的景观，不但要十分注重立体空间构图，还要兼顾仰视、俯视、平视、正视、侧视、背视等全方位的构图布局和观赏效果。要在较小的空间里展示出最大的景观。

(1)布局前先在盆面上铺上一层塑料布（图5）。

(2)布局主景的主峰、次峰、配石。

图1　备选石料

图3　切割石料

图2　选择好椭圆盆

图4　清洗石料

先布置主景的主峰（图6）；再布置主景的次峰（图7）；然后再布置主景的其他次峰、配石（图8）。

(3) 布局配景的主峰、配峰、配石（图9）。
(4) 布置远山的主峰、配峰、配石（图10）。
(5) 布置坡脚、礁石（图11）。
(6) 布置水岸线、点石（图12）。

第六个程序与方法：对外形再进行精雕细刻

山水盆景初步布局好以后，要对一些不理想的外形进行精雕细刻，如造型、色彩、纹理等是否协调一致，使其达到理想的程度（图13）。

图5　铺一层塑料布

图6　先布置主场

图7　再布置主景的次峰

图8　布置主景的其他次峰、配石

图9　布置配景的主峰、配峰、配石

图10　布置远山的主峰、配峰、配石

图11　布置坡脚、礁石

第七个程序与方法：画线和摄像

对山水盆景进行精雕细刻处理完以后，就用铅笔沿着山脚线的变化画出平面图和用相机或手机把布局好的山水盆景照下来保存，以便后面进行胶接、黏合、搬动时参照重新组合。

(1) 用铅笔沿着山脚线的变化画线（图14）。

(2) 用照相机或手机把布局好的山水盆景照下来保存。

第八个程序与方法：审定、修改

再次对布局好的山水盆景从不同的角度进行全方位的审视、审美，对不理想的地方进行修改、定稿，使其达到满意的效果（图15）。

第九个程序与方法：胶接、粘合

当再次审定、修改、定稿之后，即可进行胶接、浇塑、粘合的工作。可根据山水盆景的大小和石种决定固定在盆上或组合成几组。固定式适于小型盆景和不常搬运的大型、巨型山水盆景。组合式则用于中、大型且常搬动的山水盆景，这样便于运输和包装。小型、微型盆景可用化学黏合剂等黏合。中型、大型和巨型盆景则用高标号水泥加107胶水进行胶接、浇塑、黏合即可。胶接、浇塑、黏合后，要细心、耐心地把多余的水泥和粘合剂用刷子或毛笔刷洗干净，外露的水泥或粘合剂如与整体山石的色彩不协调统一，要用颜料调色涂刷，使其色彩统一，尽量避免留有人工痕迹。

(1) 用一半水泥一半细沙搅拌均匀作为黏合材料（图16）。

(2) 先粘接主景的主峰（图17）。

(3) 再粘接主景的次峰（图18）。

(4) 然后再粘接主景的其他次峰、配石（图19）。

(5) 最后粘接配景的主峰、配峰、配石和远山的主峰、配峰、配石（图20）。

(6) 粘接坡脚、礁石（图21）。

(7) 粘接水岸线、点石（图22）。

(8) 用钢锯片或刷子、毛笔把多余的水泥去掉刷洗干净（图23）。

第十个程序与方法：种植树木

待胶接、浇塑、粘合牢固之后，便可进行种植树木。一般山水盆景上所种植的树木以叶小、耐旱、耐阴、耐修剪、根系发达的植物，如铺地柏、真柏、小叶女贞、六月雪、珍珠黄杨等为佳。种植树木的大小要根据"丈山尺树"的比例进行，然后对树木进行蟠扎、修剪、造型。树木大小和造型也可适当进行夸张，但要符合自然规律和画理为好。

(1) 选择好需要种植的树木、苔藓和工具（图24）。

(2) 先在种植穴中放层种植土（图25）。

(3) 把种植的树木从盆中拔出抖掉多余的土、剪掉多余的根（图26）。

(4) 种植（图27）。

第十一个程序与方法：铺苔和点缀小植物

种好树木后，浇透水，并将表面土层拌成稀泥状，然后把苔藓铺在土面并压实，最后再喷水保湿。铺苔可起到保水、保土和绿化的作用。铺完苔藓之后，可在树木下或空余的地方点缀些小植物等，以增强盆景的真实感和丰富其内容（图28）。

第十二个程序与方法：蟠扎、造型、修剪

对需要蟠扎的树可先蟠扎后再种植，也可以先种植后再蟠扎。蟠扎后要对其进行造型，然后对其进行修剪定形。

图12　布置水岸线、礁石

图13　精雕细刻

图14　用铅笔沿着山脚线的变化画线

图15　再次审定、修改

图16　做黏合材料

图17　粘接主景的主峰

图18　粘接主景的次峰

图19　粘接主景的其他次峰、配石

图20　粘接配景的主峰、配峰、配石和远山的主峰、配峰、配石

图21　粘接坡脚、礁石

图22　粘接水岸线、点石

图23　用钢锯片或刷子、毛笔把多余的水泥去掉刷洗干净

图24 选择好需要种植的树木、苔藓和工具

图25 在种植穴中放层种植土

图26 把种植的树木从盆中拔出,抖掉多余的土、剪掉多余的根

图27 种植

图28 种好树木后,浇透水,并将表面土层拌成稀泥状,然后把苔藓铺在土面并压实,最后再喷水保湿。铺苔可起到保水、保土和绿化的作用。铺完苔藓之后,可在树木下或空余的地方点缀些小植物等,以增强盆景的真实感和丰富其内容

(1)对需要蟠扎的树可先蟠扎后再种植,也可以先种植后再蟠扎(图29)。

(2)造型、修剪(图30)。

第十三个程序与方法:清洗盆面

把盆面上的脏乱差打扫干净,把盆里清洗干净(图31)。

第十四个程序与方法:布置配件、点石

最后再安放些亭榭房屋或舟楫帆船、或渔樵、耕、读等人物配件。配件的点缀是中国盆景的一大特色,如果点缀得当,可起到"画龙点睛"之功,增添生活情趣,创造优美的画境和深远的意境,同时也在山水盆景中起到比例尺的作用,以小屋、小亭、小塔、人物等对比出群山之磅礴、气势之雄伟,以帆船、小舟、竹排、小鸭、小鹅等对比出水面水之辽阔迷茫、景之深远博大,从而使欣赏者浮想联翩,产生美好的遐想,获得美的感受。但在山水盆中的配件点缀宜少不宜多,宜小不宜大,要遵循画论"寸马分人"之说。要根据画面的需要进行安置,不可随意乱放,尽量避免俗气与匠气。而是要根据盆景的立意、布局、比例等因素来选用。

(1) 点缀配件（图32）。

(2) 调整水岸线的变化和点石摆布的最佳位置（图33）。

第十五个程序与方法：题名

盆景与中国绘画紧密相联，几乎同步发展，亦步亦趋。国画讲究诗、书、画、金石熔为一炉，方显出画家的绘画水平炉火纯青。盆景的题名也和中国画一样，好的题名，可以概括盆景中所表现的内容，更加突出其表现主题，起到扩大艺术境界、提示主题和画龙点眼的作用，让人看后产生遐想，回味无穷，从而使盆景作品中所含的思想性和艺术性进一步得到升华，倍加引人注目，发人深思。

但盆景的题名一定要名副其实，恰如其分。而不可浮夸和故弄玄虚，也不能太白，缺乏艺术性和联想力。有的题名是在作品未完成之前即构思阶段就已经有了，有的则是在作品完成之后，再按景题名。无论哪种题名方式，都必须以盆景作品的表现内容和艺术性为前提，只有景美，才能真正打动人们的心，如果景不美，那么再好听的景名都只是一个空名而已，正所谓"皮之不存，毛将焉附"？当然一件好的盆景艺术作品没有一个与之相配的题名，也是件憾事。但并非所有盆景都必须要有题名才行，有的作品由于内涵丰富，难以一语而概括之，则以"无题"命名之，"无题"即有题也。唐代大诗人李商隐的许多传世之作就是无题的，但照样流芳千古，其根本原因就是诗本身精彩传神所致，盆景亦无不如此。

此盆盆景所立的"意"就是要表现七彩云南大山大水的诗情画意。

故题名《云岭画意》（图34）。

图29 对需要蟠扎的树可先蟠扎后再种植，也可以先种植后再蟠扎

图30 造型、修剪

图31 打扫盆面

图32 点缀配件

图33 调整水岸线的变化和点石摆布的最佳位置

图34 制作完成后的作品，题名《云岭画意》，龟纹石、地柏，150cm×60cm×78cm

本文刊登于《中国花卉盆景》2016年08下半月刊，文字有变动。

盆景珍稀优良树种：铁马鞭

郭纹辛

作者简介：郭纹辛，男，1967年生，云南曲靖人。20世纪90年代初接触盆景，经多年不懈的钻研积累，盆景创作水平得到了很大提升。造型上博采众长、师法自然；技法上将缠枝技法和修剪相结合。形成了"苍劲古朴、清新自然、气势磅礴"的个人风格。建有"辛园春"盆景园，并在"传、帮、带"和协会组织工作方面作出了较大的贡献。2019年1月被云南省盆景赏石协会授予"云南省高级盆景艺术师"荣誉称号。

铁马鞭，别名小叶鼠李、石梅、油刺。灌木，株高3m，叶片细小，常绿、卵形或椭圆形，叶长1～2cm、宽0.5～1cm，边缘有细锯齿，革质。树皮灰褐色，起不规则鳞甲。每年3月开花，花后着淡绿色小果，成熟后变紫黑色（可食）。铁马鞭分布于云南的滇东、滇中、滇北一带。贵州紧邻云南的局部地区也有，生长在喀斯特地貌的石灰岩石缝中，海拔1500～2300m均有分布。

铁马鞭作为盆景树种应用在云南已有30多年的历史了，特别是在滇东的曲靖市为主产区开发的最早，也是当地盆景人最爱的首选盆景树种。

为什么说铁马鞭是盆景珍稀优良树种呢？因为铁马鞭的分布面积很小，数量很少是一方面。更主要的是铁马鞭作为盆景用材有以下几大优点。

铁马鞭的独特优势

1. 优点

（1）观叶。铁马鞭叶片细小，常绿，革质，油亮，枝节短，进入盆栽以后叶片长度都在1cm以下，成型后枝节更短，叶片更小，更紧密美观（图1）。

（2）观树皮。铁马鞭的树皮为灰褐色，呈不规则鳞甲状，坚实、紧密、不容易脱落，随着树龄越大，树皮越厚，有的还会出现凹凸不平的筋脉状，非常苍劲古朴（图2）。

（3）观木质。铁马鞭由于生存环境恶劣，生长缓慢，所以木质极其坚硬，自然状态下经常出现天然舍利干和神枝，经年不腐。人工作出的舍利干也极其坚硬耐腐，可以和柏树媲美（图3）。

（4）萌发力极强。铁马鞭全身上下都会发芽，锯到哪发到哪，树皮越老，芽点越多，从来不会缺枝少芽，便于设计造型，选枝定位（图4）。

（5）观干型。铁马鞭由于生长在高海拔的石缝中，全天候光照，山上风力极强，加之幼年时枝条柔软，故容易出现不同形态的树干变化，包含了盆景造型上的所有树型类别。

（6）寿命长。铁马鞭生长缓慢，寿命极长，具体年限尚不明确，在自然界几百年甚至上千年的都有，一般盆景的用材都在百年以上。

（7）适宜盆栽，树型稳定。铁马鞭由于生长缓慢，故成型后，树型稳定，不易变形，一年中只要修剪两次就可全年观赏，观赏期长，容易服盆，方便养护。笔者的一盆成型盆景在观赏盆中养护已有二十余年，至今一直生长良好。

2. 缺点

铁马鞭由于生存环境恶劣，生长缓慢，故植株矮小，只适宜做中小型盆景，一般直径在15cm以上的就很少，20cm的更难见到；笔者有幸得到一棵直径28cm、树龄在500年以上的桩材，在铁马鞭中已算是巨型的了，非常难得（图5）。

铁马鞭的栽培管理

铁马鞭对土壤的要求不高，适应能力很强、酸性、碱性都能适应，以微酸性富含腐殖质、疏松、透气、滤水的颗粒土最佳。以笔者多年的经验，土壤配比为：山泥土20%、山砂粒20%、蜂窝煤敲碎过筛后的颗粒30%、腐殖土30%，混合搅拌均匀后栽培效果最佳。铁马鞭为阳性树种，宜放置在全光照的场地培养。铁马鞭树性强健、耐寒耐旱，零下十几度至三十几度都能生存，20~30℃生长最旺。

铁马鞭的造型技法

经过多年的摸索和研究，我们总结了一些针对铁马鞭的造型技法。由于当地气候原因和铁马鞭生长缓慢，不宜采用岭南的截干蓄枝技法，适宜剪扎结合，我们的方法是第一年成活后所发的枝条一律不动它，任由生长，目的是让其长根、长壮，第二年初春把不需要的枝条全部剪除，留下有用的枝，视其粗度不够0.3cm的任其生长，待达到粗度后再造型。因为铁马鞭的枝粗在0.3~0.8cm最适于造型，过早枝条未木质化，过晚又变硬容易折断，超过0.3cm的枝条选用相应的铝线缠枝拿弯，按设计好的造型要求调出两个弯后，尾梢拉向上方任其生长，主枝上的分枝根据设计需要也同时造型后任其生长。这样待枝条生长达到预计的粗度后再剪短，此时，主枝已留得两个弯，长8~15cm，分枝也得到一个3~5cm长的弯，以此类推直到成型（图6）。

用此造型技法创作的铁马鞭盆景能大大缩短成型时间，并且主干及枝条的过渡也很自然，尽显铁马鞭盆景的苍劲与秀美。

图1 铁马鞭的枝叶

图2 铁马鞭的树皮

图3 铁马鞭的舍利干

图4 铁马鞭的萌发力很强

图5 树龄500多年的桩材

图6 铁马鞭的造型技法

此文刊登于《中国花卉盆景》2017年01下半月刊。

尖叶木樨榄漫谈

王伟

作者简介：王伟，1971年生，云南蒙自人。1991年从部队退伍后，痴迷于盆景艺术，经多年的不懈努力，在盆景的创作上特别是地方树种如尖叶木樨榄、小石积、清香木有一套独特的造型技艺，基本形成了"清秀、自然"的个人艺术风格。2015年3月被云南省盆景赏石协会授予"云南省盆景艺术师"荣誉称号。

尖叶木樨榄是云南的特色树种，是制作盆景的上佳素材。

它是属木樨科木樨属常绿灌木或小乔木，树高3~10m。小枝褐色或灰色，近四棱形，无毛，密被细小鳞片（云南俗名鬼柳）。单叶对生，叶柄长3~5mm，叶片革质，狭披针形至长圆形、椭圆形，长3~10cm，宽1~2cm，先端渐尖，基部渐窄，叶缘稍反卷（图1）。圆锥花序，花白色，两性，花冠长2.5~3.5cm。果实椭圆形或近球形，长7~9mm，径4~6mm，成熟时呈暗褐色。花期4~8月，果期8~11月，原产云南、四川、广西海拔600~2800m林中。

尖叶木樨榄枝密叶浓，叶面光亮，树形美观，具有速生、长寿、耐修剪、萌芽力强、适应性强、抗热性高和耐寒性好的特点。是云南极具特色和代表性的盆景树种之一。

速生性

尖叶木樨榄可用种子和枝干扦插繁育，取带2~3个节的枝条，长5~10cm，于3~10月扦插，给予全光照，短时喷雾，成活率可达90%以上。1~2mm的小苗经5年地栽，干径可达5~8cm，十分适合盆景的批量生产，从而保护生态环境，促进可持续发展。

萌芽力强

尖叶木樨榄有超强的萌芽力，在云南大部分地区，每年1月、10月均可采植和移栽，可以做到全裸根种植。老干繁育也有较高的成活率。其枝干和根基部都会有簇生芽，此时为保证树体的成活率，最好不疏芽，待新芽生长到30天左右形成开枝芽时，再根据造型和桩坯的需求选留。

适应性强

尖叶木樨榄原生地多为喀斯特地貌，热带和湿带河谷地区偏多，但海拔2800m左右的山区亦有分布，如云南蒙自地区梨托山海拔2300m左右，亦有分布。整个南盘江流域、红河流域、乌江、金沙江等河谷地区都有分布。

经过人工种植和园林绿化应用，现已经扩繁到两广地区，并能良好地生长繁育。2016年初，在云南大部地区处于-6~-10℃低温的条件下，也没有大面积死亡。而在广西、广东地区的亚热带和海洋气候它也能完全适应和生长。

栽培及造型要点

尖叶木樨榄有许多常绿树种无法比拟的树性，如木质坚如铁，在自然界中经历火烧、坠石砸压、砍伐而形成天然舍利枝干，可百年不腐，形成树木枯荣相济的老辣树态（图2）。利用这一树性，栽培过程中可根据树木造型的需求，对树桩下部进行深度的剪截。

截剪生桩枝干时，要细心观察树木本身的生长点，只要一截到位，一般都能发芽到位。截口用石蜡封口最佳，也可用植物愈合剂封口，为以后上盆观赏打下基础。

生桩用1份红壤土与1份腐叶土混合的培养土种植最佳。种植时宜浅种高覆土，当开枝芽长到60~80cm长时，将高覆土分1~2次拆完，以防产生高浮根。高浮根除造型所需外，应一律剪除。

我在尖叶木樨榄造型中，除借鉴岭南盆景截干蓄枝的技法外，又自己总结出了第一级托用金属丝定向蓄养，二三级枝的脱叶留下生长点再造型的方法，使得二三级枝的培育时间更短、出枝角度更佳、树桩成型更早。在开枝芽长度在30~50cm时对小枝进行人工牵引，定出方向，同时也可用金属线蟠扎定型，生长旺盛期经40~50天，即可解除金属丝，以免陷丝。解除金属丝后，应及时用竹棍托住生长点，使其挺直向上，这样枝的生长速度会增快且生长平衡，更不会产生失枝现象。

生长期枝条生长一年可达2~3cm的直径，对需要大直径的枝干，可连续2~3年让其生长到70%时再截干蓄枝，周而复始，连续蓄养出三级、四级枝后再细剪、控肥、控水，加速枝干的老化，取得满意的效果。

造型中适用技法及管理

尖叶木樨榄喜光，应加强光照和通风，对生长过密的枝叶应及时疏剪，以有效防止介壳虫、煤烟病等病虫害的发生。

每2~3年换土一次，用排水良好的微酸性土即可。翻盆换土时可将原植株的老根和病残根剪除，并将高位浮根大幅地修剪和蟠扎理顺，为下一步炼根打下基础。为加快植株生长，可上大肥，但忌大水，要做到干透浇透，不能积水。不然轻则影响生长，重则植株死亡，为加速定向枝的生长，可增强定向枝方向的光照，增加生长空间，多放枝叶生长，可事半功倍。

枝干的老态培养可用纵切到木质部或人工揉捻等方法。造型中要根据国画、书法的点线变化和留白等细节做出合理布局。我自己对树木干和枝的对应角度有了一些心得：如泻枝取锐角，留白取前点。飘枝看主干，前折后曲。干枝出点线，景自出眼前。枝势空间背大枝一侧动枝，托枝宜向上，切忌双侧都大枝和动枝。前枝宜短精，侧后多留白，大飘配主干，还要顾点线。

图1　叶片特写

图2　树干特写

图3 《邀月共舞》，王伟作品，尖叶木樨榄

图4 《诚迎天下客》，王伟作品，尖叶木樨榄，100cm×85cm

图5 《虬柯铁骨施礼仪》，逸心亭作品，尖叶木樨榄，115cm×110cm

此文刊登于《中国花卉盆景》2017年02下半月刊。

小石积的盆景情怀

张国琳

作者简介：张国琳，男，云南通海人。云南省盆景赏石协会常务理事、副秘书长，玉溪市美术协会会员，通海盆景协会秘书长、通海县文联书画家协会副理事长、通海楹联学会会员、通海孔子文化研究学会会员，秀山书画协会副理事长。痴迷于盆景艺术30余年，在盆景创作上有独特的见解。2019年被云南省盆景赏石协会授予"云南省高级盆景艺术师"荣誉称号。

小石积，对于玩盆景的同道来说，并不陌生，但钟情于小石积的盆友不一定多，了解小石积的就相应少了。

形态习性

小石积（Osteomeles anthyllidifolia）：蔷薇科小石积属落叶或常绿灌木，别名黑果、糊炒豆、棱花果树等。分布很广，在我国甘肃南部、四川、贵州北部、云南及西藏东南部海拔1500~3000m的山坡灌丛或田边路旁干燥地带都有分布，生命力和适应性特强，哪怕在比较贫瘠的石缝里也能生长良好，是很好的盆景素材之一。

云南常见的小石积，具有7~15对椭圆形、椭圆状长圆形或倒卵状长圆形小叶，长0.5~1cm，先端急尖或突尖，被丝托及萼片微被柔毛或近无毛，花柱基部有毛。而华西小石积是5~8（15）对，近圆形，稀倒卵状长圆形，长0.4~0.6mm，先端圆钝或有短尖头，被丝托及萼片被柔毛，花柱基部无毛。生长于广东北部（仁化），日本、琉球和小笠原群岛、菲律宾群岛及中国台湾（红头屿）的圆叶小石积，与华西小石积有些微差别，小叶5~8（15）对，近圆形或倒卵状长圆形，长0.4~0.6mm，先端圆钝或有短尖头、被丝托及萼片被柔毛、子房基部无毛。有人将我国所产华西小石积作为本种的变种，确有道理。这3种确系近缘种类，但在形态和地理分布方面各有特点。

我很喜欢小石积制作的盆景，每当在展会上或盆景园里看到它的身影，就会走近跟前慢慢观赏。观它的野趣与自然、赏它的飘逸与酣畅、体会创作者的立意与构思，细细品味，感知大自然的鬼斧神工，心随景致遐想无限，所谓的技艺只不过是为其打扮化妆而已。

小石积在大自然中受生存环境和自身的属性所限，形成了高仅尺许、树龄古稀、粗似镰把、满树沧桑的自然姿态。山路道旁牲畜的啃咬和踩踏、樵夫挑担的砍伐与闯折，更练就了它那"婀娜多姿"的帅美。这种美是经历了数十载的磨砺并受尽各种疾苦换来的洒脱，有别于用财富摆弄出来的那种"潇洒"，是从骨子里就能笑傲江湖、看破世事的真潇洒。"树无高低之别，人有品位之分"，故我钟情于小石积。

在云南，只要有山就有它的踪影。小石积大桩材不多，主干直径10cm以上的素材很难得到。树桩一般在冬春两季都能移植，特别是初春更佳。萌发力特强，小苗可以培养丛林式或微小型盆景，耐修剪，枝条密集，叶色翠亮，成型快。而且一年观三景。初春新芽长出时生机勃勃、苍翠欲滴；进入4月，满树白花像冬日里的雪，一丈开外就能闻到淡淡的幽香，似有"冬雪化尽有余香"之感；6月后满树的果实有绿、有红、有黑，丰富多彩，慰为壮观，使人爱不释手。并且果能食，叶和根可入药。有收敛止泻、清热解毒、祛风除湿等功效。

栽培管理

将小石积的根系、枝条按自己的构思立意适当修剪，可直接上盆。第一年养桩时，盆面可多围土，增加成活。第二年去除加围在盆面上的土壤，露出原桩坯，疏去不当新长枝芽。如新生枝芽少，可不加修剪，等来年长壮后再剪枝抹芽。当枝条长到5号铝丝粗细时，就可第一次蟠扎定枝位。造型后要多加观察，等再次长新叶时适当施入稀薄液肥，增加养分，促进生长。小石积喜光，成活后应置于通风透气、光照充足的位置。未成型时尽量控制花果数量，先把枝干养壮。只要养护得法，3~5年后就能成型或初步成型。小石积萌芽力强，越修剪新芽生长越旺盛，因此要注意抹除不当芽，促使所留枝条增粗成型。小石积的定型以剪扎结合最为适用。粗枝用扎的方法调整形态和方向，细枝以剪修为主，修剪要勤快，不然长得太茂密，靠里的小枝容易退枝。随着盆龄的增长，蟹爪、鹿角、垂柳都会在年功达到时养成。此时，一盆盆根干虬曲、苍古雅致的小石积盆景就能登台了。

病虫防治

小石积病虫害不多，主要有两种：一是蚜虫。一般在3~4月和9~10月易发生，可用高效氯氰菊酯和阿维菌素喷洒，1~2次即可。二是最为难治的树瘤疙瘩。一旦发现要隔离治疗，因瘤疙瘩是由一种传染性螨虫导致的，会很快传染其他小石积盆景，而且特别难治，会给小石积带来毁灭性危害。所以，要从防治入手，摆放地点一定要通风透气，日照充足，并注意平时的水肥管理。浇水时尽量不要把水喷洒在枝干上，如果枝干经常被水喷湿，就易发生病害。生长旺盛期可每月喷洒多菌灵或甲基托布津1~2次，还可用阿维菌素一起混合喷洒，效果更佳。已形成树瘤疙瘩的要用金属片或竹片把瘤疙瘩清理干净，再用石灰水或石硫合剂涂抹患部，等石灰水干后再涂抹上阿维菌素或多菌灵。半月1次，要涂3次以上才有功效。

图1　小石积的叶片

图2　小石积的花

图3 小石积的干

图4 《临流掬月日在手》,郭俊作品,小石积,60cm×70cm

图5 《峥嵘如歌》,李坚作品,小石积,85cm×95cm

图6 《村头老树的回忆》,许维连作品,小石积,60cm×75cm

图7 《梦系桃源》,尹辉作品,小石积,85cm×98cm

图8 《秋实》,一隐园作品,小石积

此文刊登于《中国花卉盆景》2017年04下半月刊。

盆景新贵云南松

杨瀚森

作者简介：杨瀚森，男，1963年生，云南丽江古城人。从小受纳西族种兰植梅氛围的熏陶，一直钟爱盆景，自'99世博会后专注盆景，对云南松的驯化栽培、配土、大直径不破干拿弯造型有一定修为，致力于传统基础上的自然野趣风格。擅以独到的视角分析盆景作品，解读人文内涵，其盆景评论常见诸于专业刊物。

云南松，俗称飞松、长毛松，松科松属常绿大乔木，拉丁名：*Pinus yunnaensis*。树皮褐灰色或红褐色，裂成不规则鳞块状或龟甲状，少有呈堆积状脱落的。冬芽红褐色，3针一束，具叶鞘，叶长10~35cm，柔软。球果锥状卵形，种子具翅翼，便于风媒传播。

分布状况

云南松多分布于西藏东部、四川西部及西南部、云南、贵州西部及西南部、广西北部，是西南地区的主要乡土树种。多垂直分布于海拔1000~3200m地区，为喜光性强的深根性树种。适应性强，耐冬春干旱气候及瘠薄土壤，能生于酸性红壤、红黄或微石灰石土壤中。在肥润、酸性砂质壤土、排水性好的北坡或半阴坡生长最好。

驯养栽培

云南松的栽培历史，有据可考的时间是1922年，当时在丽江民间已有普遍栽培的习惯。但一直停留在抹杀自然的曲物形体"造型"阶段。真正意义上的现代盆景造型，毫无疑问受'99世博会的影响与启发，受惠于现代网络的发展，更与云南省盆景赏石协会的带动分不开。

云南松的生长与地理位置、海拔高度有着必然的联系。以2000m的海拔为例，1月初至1月中旬，松芽开始膨大，随着时间的推移，生长加快，2月中旬至4月中旬是生长最快的时候。而1~5月正值云南干旱少雨季节，在这样的环境条件下云南松却迎来生长旺盛期，可见其耐旱的特性多么显著。

云南松的根系由垂直向下的主根和多级分支的侧根构成，呈萝卜状，其主根可达2.5m以下的土层，而侧根呈水平状伸展。在云南松根系的生长过程中，还伴有菌根生长。菌根是土壤中的真菌与云南松幼嫩吸收根形成的共生体，寄生于云南松根系上。庞大的菌体增强了根系对土壤养分及水分的吸收能力，促进了云南松根系的生长发育和抗旱能力。

驯养栽培云南松，宜在休眠期进行，即10月份到翌年1月份，带土球假植于地上，时间为1年。之后重新上平口育桩盆，宜用酸性砂质土，以利排水。伏盆2年，旨在育根、逼芽。根据植物顶端优势原理，进行逼芽或失枝回缩作业。

病虫害防治

云南松虫害多，有柳杉毛虫、思茅松毛虫、红蜘蛛、介壳虫等。病害多以白粉病、煤烟病为主。根据成熟而安全的经验，每月喷1次氧化乐果加托布津或多菌灵。用量为1喷壶水加2盖氧化乐果，多菌灵酌量。也可用石硫合剂或吡虫啉。有些参考书中，大量介绍用敌百虫、敌敌畏防治云南松病虫害的经验，但我个人的教训是禁用这两种农药。

几个变种

一般认为，云南松有几个变种，但尚未做生物学鉴定。一是细叶云南松，二是地盘松，三是云南锦松。

造型方法

云南松假植育桩盆时，应选用平底、深浅适中的盆。伏盆2年，即完成育根、逼芽育桩期。这段时间内要促其充分发育，长出四面辐射的根系，并进行调节失枝的回缩作业。民谚有干发根，湿发叶之说。因此，合理有效的控水是关键。

造型有破干拿弯和开槽拿弯以及不破干拿弯造型方法。无论用何种方式，首当其冲的是应该遵循中国画理中"四歧法"的理论：重势、重气、重态。要达到这一效果，需做到：树必先其干，干立加点成茂林。转述成现代汉语：要做好盆景，必须先把主干拿弯到合理的位置，才能做枝条。只有这样，才能达到完美的境界。反之，主干不变，枝条的任何变化都毫无意义。

黑松只所以佳作频出，除了技术上的原因，主要在于从种子到作品这一漫长过程中，始终坚守定向培育的理念。而云南盆景由于起步较晚，多数都采用下

图1　云南松的树皮褐灰色或红褐色，裂成不规则鳞块状或龟甲状

图2　云南松针叶，3针一束具叶鞘，叶长10～35cm

图3　创作中的云南松，郭纹辛作品

图4　创作中的云南松，周宽祥作品

图5　《万里飘香迎客来》，云南松，王文林作品

山野生原桩。云南特殊的气候，造就了云南松的一些个性，也养成了它的一些缺陷。云南松虽然具备扭筋转骨的树干，但因缺乏人为的定向干预与培育，几乎每一棵原桩都存在严重的失枝和比例失调现象。因此，只有大幅地对主干和枝条拿弯改造，才能符合现代盆景的审美要求。

我从2006年开始对野生云南松进行造型培育管理。据我的经验，从原生叶长35cm，育至10cm，争取培育到最佳观赏效果5cm，是完全有可能的。独特的树干和别具一格的树皮，是其成为盆景新贵的先天条件。

图6　王选民大师在"云南省第二届盆景艺术研讨会暨盆景赏评会"上现场创作表演的云南松作品

图7　《追》，云南松，杨瀚森作品

此文刊登于《中国花卉盆景》2017年05下半月刊。

云南盆景中的后起之秀——清香木

王昌

作者简介：王昌，男，1971年出生，云南通海人。现为云南省盆景赏石协会常务理事、通海县盆景协会副会长。自幼酷爱盆景艺术，曾跟随姨父学习盆景造型和栽培管理，2000年创建"昌艺盆景园"，自此走上专业从事盆景艺术创作与经营的道路。2019年被授予"云南省高级盆景艺术师"荣誉称号。

清香木成为盆景创作素材，只是最近20多年的事情，算是云南盆景素材中的后起之秀。清香木因其独特的魅力，迅速占领了云南盆景市场的半边天，已成为云南盆景素材的主力军。市场潜力极大，不少有识之士不惜重金收藏优秀的清香木盆景和桩材（图1）。

清香木为漆树科黄连木属常绿灌木或小乔木，别名虎斑檀、紫油木、香叶子。高2~8m，树冠达10~15m，因其叶片含芳香油，搓揉时可散发一股特殊的清香味而得名。清香木树皮灰色，偶数羽状复叶互生，有小叶4~9对，叶轴具狭翅，上面具槽，被灰色微柔毛，小叶革质，长圆形或倒卵形，较小，长1~2cm，花期3月，花序腋生，与叶同出，紫红色，果期10月，核果球形至椭圆形，径约6mm，成熟后呈紫黑色或紫红色，形似黄豆。

清香木为喜光树种，但亦稍耐阴，喜温暖湿润的环境，萌发力强，生长缓慢，寿命长，可与黄杨媲美。地植的植株能耐-10℃低温，喜光照充足，不易积水的土壤，分布于我国云南、四川、贵州、广西等地，西藏亦有少量分布。

繁殖多用播种法，出苗率高。但幼苗尽量少施肥甚至不施肥，以免因肥力过足，导致烧苗或徒长。

清香木材质异常坚硬耐腐，木质硬重，入水可沉，木材花纹色泽美观厚重，有着可与花梨木媲美的花纹和油性，高于紫檀的密度，可代替红木制作家具、根雕、手串（图2）等。其叶及树皮可入药，味辛香，无毒。有去邪恶气、温中利膈、顺气止痛、生津解渴、清热解毒、收敛止血、消炎解毒、收敛止泻等功效。叶晒干后碾细，可作寺庙供香的原料，果实含油脂，有固齿作用。放置家中能防蚊虫叮咬，真可谓全身都是宝，是极具观赏价值与药用价值的植物。

清香木作为盆景素材主要有以下优势：

1. 桩材资源丰富，桩形变化多端

大的上吨，雄壮伟岸，小的可以拳握，玲珑可爱。尤其是生长在悬崖峭壁之上的桩材，因长期经受大自然的风吹日晒，虫蚀畜啃，形成了千姿百态的自然形态，或枯健雄秀，或曲直弯拐，或凸凹洞节，古朴生动，残缺沧桑，具有浓厚的自然野趣和较强的艺术感

染力。树皮因在悬崖峭壁之上，承接的雨水偏少，生长缓慢，所以树皮苍老无比，可以和松树的树皮相媲美（图3、图4）。清香木因富含油脂，木质坚硬如铁，自然形成的天然舍利神枝，可历百年不腐，形成枯荣相济、变化无穷的树相，堪与柏树相媲美。上百年甚至上千年的古桩都很常见（图5）。

2. 清香木叶小枝柔，萌发力强

嫩叶呈红色，光亮，色形精致，观赏期长达20多天。树干的伟岸、苍劲、古朴，与嫩叶形成鲜明对比，观赏性极高。叶片转绿后，细密而碧绿，让人心情愉悦。由于清香木枝条柔软，易整形，枝条有上扬的特性，弯曲蟠扎也不易折断，一般的绿化商品桩多采用剪扎结合的造型方式，加速成型。培育精品佳作，亦可采用岭南盆景的蓄枝截干制作手法，再施与"脱衣换锦"法，颇具野趣。

3. 易管理

清香木下山桩移植成活后，管理容易，对土壤要求不严，病虫害极少。

本人尤爱清香木，栽植清香木20余年，对养护管理有几点小建议：

1. 栽植

清香木容易栽植，一般桩农采挖的生桩都是裸根移植，以通海地区的经验，可用经过自然风化形成颗粒状、遇水不散的素红土，浅植于盆器中，用油毛毡或其他材料高围培土至2/3处，其余部分用塑料地膜包裹保湿，一次性浇透水，至发芽前不可使盆土过湿，以免透气不佳，引发烂根。待新芽逐渐生长后再慢慢加大浇水量，保持湿润。注意，此时不可使用肥土。等到新芽放叶并转为绿色，且叶片发亮，新芽正常生长，方表明树桩已生新根，可逐渐去除一部分围子，避免生出高浮根，直至全部去除围子。不影响树桩造型需要的高浮根，尽量把它延伸至盆器里，以保证树桩成活。这里要注意一个问题，清香木生桩最好不要直接下地养坯，因为地培后，主根过快伸长入地，以后上盆需要断去很长一段主根，会影响树桩的成活率。建议在盆器里种植成活2~3年后，再用地砖围养坯比较理想。

2. 造型

造型时最好剪除全株的叶片，一来方便观察枝条走向，利于造型；二来可以全株促萌，使分枝增多，每个芽点都可萌发到位。粗度比例不够的枝条，也应剪除叶片，但不要剪去枝梢，待枝条粗度比例达到要求后再剪裁。

3. 换盆换土

清香木生桩成活2~3年后可换盆换土。翻盆前最好提前几天不浇水，让其盆土干结，易于脱盆，以防止土球散开，影响成活率，栽培用土可用颗粒红土5份、腐叶土3份、煤渣1份、粗河沙1份混合配制，要求透气滤水，不易板结。脱出土球后，根据造型需要，剔除土球表面的细小根系，尽量不要弄散土球，留足护心土。换盆最好结合造型，进行一次全面地摘叶、修剪，使其既符合造型要求，又使树桩生理机能得以平衡。换盆后移至向阳避风处，浇足定根水，待新芽萌发正常后，转入正常管理，清香木怕涝不怕干，浇水原则必须做到"不干不浇，浇必浇透，盆面不积水，盆底要通透。"

4. 施肥

清香木不耐浓肥，肥浓容易伤根，必须掌握薄肥勤施的原则。每年春季至秋季，可每隔半月施以稀薄饼肥水，同时叶面追肥，以使叶色发亮，增加观赏性，但要注意，修剪摘叶后的盆景切记不可施肥，施必烂根死桩，切记！必须等新叶转绿后，再施以

图1 《不畏浮云遮望眼》，王昌作品，清香木

图2 用清香木制作的手串

图3 清香木树皮特写之一

图4 清香木树皮特写之二

图5 清香木花纹色泽美观厚重

图6 《汉唐遗韵》，王昌作品，清香木。新叶萌出，犹如满树红花

图7 王昌作品，清香木

图8 《起舞弄清影》，王昌作品，清香木

图9 《历尽沧桑》，王昌作品，清香木

薄肥。

5. 病虫害

清香木病虫害极少，偶见介壳虫、红蜘蛛及蚜虫以及因以上虫害引发的煤烟病。可用杀扑磷、毒死蜱防治介壳虫，用吡虫啉防治蚜虫，只要消灭了虫害，煤烟病自然就消失了。

最后还有一个应该注意的问题，就是防寒。尽管清香木在-10℃低温下也不至于冻死，但由于家养的盆景盆浅土薄，根系不太发达，在气温降至0℃以下时就必须采取入温棚或覆盖棉被等措施保暖，帮助清香木盆景安全过冬。在气温不低于0℃的地区，可露地越冬。

以上介绍的仅是云南地区的养护方法，由于全国各地气候多有差异，希望大家不要全部照搬，根据本地的气候，慢慢摸索出一套适合自己的清香木栽培技术是最好的。

此文刊登于《中国花卉盆景》2017年06下半月刊。

说说争让

胡昌彦

作者简介：胡昌彦，男，生于1965年3月，云南宣威人。大学学历，中文专业。就职于宣威市委党校。1994年接触盆景，师从台湾盆景创作家高文彬先生。云南省盆景赏石协会副秘书长，宣威市盆景协会常务副会长兼秘书长，对宣威地区的盆景组织、发展作出了较大贡献。

盆景起源于中国，并且以书法、绘画、文学理论作为理论基础，虽然强调诗情画意，但没有自己的、能反映盆景特质的理论，从而使盆景始终处于从属的地位，没有成为一门独立的学科和艺术。即使谈到争让、虚实、平衡等诸多盆景问题，也是从其他艺术门类说起，鲜有从盆景素材植物特质谈起，很难还原自然的真实面目，也很难实现把大自然搬回家的初衷。本文拟从树木争让这一自然属性切入，探讨盆景在处理争让关系时如何遵循自然规律，尊重理解这对矛盾，做到不出错误或少出错误，为盆景求真求美找到一点依据。

盆景的自然属性、艺术属性和商品属性三大属性是被大家所认可了的。三大属性中，艺术属性讨论得最多也最热烈，几乎把相关艺术门类的审美经验都用于盆景。只要谈论盆景，开口必谈"无声的诗，立体的画"，至于盆景的"意境"，更是时常见于文论（笔者不反对艺术美和意境美，而是强调要把艺术美和意境美的基础夯实，使其真正落到实处）。盆景的商品属性，市场使然，无需多谈，大家见多不怪。最没有被充分重视和挖掘的，是盆景的自然属性。谈到自然属性时，要么绕道而行，要么高调不止，既没有严谨的科学态度，又没有求真的艺术修为。我们常说，盆景"源于自然高于自然"，源于自然不错，自然是什么呢？你拿什么去高于自然呢？师法自然往往都很空泛，成了一句口头禅。"外师造化，内得心源"，多么好的一句话，也被弄得云里雾里，难知所云。

盆景是一门艺术，更是一门科学，一门关于生命的科学。科学是基础，是前提。艺术是终点，是升华。盆景艺术只有建立在科学的基础上才无愧于艺术。试想，如果盆景植物的生理常识都发生错误了，艺术还会有意义吗？错误的起点必将导致错误的终点，幽远的意境必须以正确的树理树性为依托，必须建立在对盆景环境的正确把握上，尤其是公开表演者更应该尽量注意不出错或少出错，以免以讹传讹，误人子弟。

如果能把盆景的自然属性和艺术属性有机地结合起来，把科学性和艺术性统一起来，在科学的基础上进行艺术创造，那么，盆景将是科学的盆景，盆景也是艺术的盆景，盆景的春天还会远吗？

盆景的自然属性应包含些什么呢？答案很简单，就是植物自身的属性和环境。争让是植物的基本属性，是理解盆景本真的出发点，也是盆景还原自然的落脚点。争让不仅取决于植物自身的属性，也取决于植物的外部生长环境。

争是植物的本能，是成长壮大、繁衍后代的需要。争的是空间、争的是阳光雨露；让也是植物的本能，是空间受到挤压后的本能反应，是迂回的生命智慧。

在盆景的矛盾关系中，有争让、虚实、长短、粗细、高矮等等，而争让是所有关系的主要方面，它影响甚至决定着其他关系，可以说其余关系都是由争让派生的，没有争让，就没有虚实、对比、留白。盆景的争让不仅仅是美学意义上的审美意趣，更是生命的选择、竞争的态势，是生命科学中的对立统一，是生的选择、死的扬弃，正所谓趋利避害，物竞天择。

自然界的树木有悄无声息的轻松舒展，也有饮鸩止渴的悲壮激烈；有相携相生的友善，也有你争我夺的劣性；有阳光明媚、和风细雨的时光，也有雷电交加、狂风大作的阴霾；有突如其来的灾难，也有永无止境的地心引力。一盆盆景就是一个世界，无论单株还是丛林，无不在特定的环境中生长着、争让着。

树木的世界里，树干都是由低到高生长着的，树枝都是由近到远生长着的。如果没有外部环境的影响，树木原本可以无忧无虑地向上生长，树枝可以直来直去地向远处扩张。每一棵树都可以按基因给定的扬程长成参天大树。然而树木不可能脱离生它养它的环境。高山、凹地、河谷、雪山、草甸、丛林、阳光雨露、风霜雷电、水冲沙压、虫害病害。有

雀梅《春涧时鸣》。"遇崖壁则让，临溪涧则争"

滇油杉。上争下让

古银杏。处中心则争，居两旁则让

黄山松。树冠争，树枝让

丛林栎树。南面向阳则争，北面逆风则让

的足以致命，有的慢慢改变着树木的形态。当生长空间受到挤压时，枝干就会弯曲迂回，变弯变曲。在猛烈外力作用下，枝干还会急弯折断，出现硬弯死角。那些形态各异的树木们，就是在你争我让的过程中形成的，千百年来不知有多少说不完的争让故事。至于把书法中的章法争让拿来说事未免稍显无力，毕竟书法的争让是人的审美感受，跟植物的争让不太靠边，至少没有找到人的审美感受和植物争让规律的契合点。而用"挑夫争道"做比，就更加牵强附会了。

在自然秩序中，树木们遵守着争让法则，一边享受着大自然的馈赠，一边接受着同类和环境的挑战。高树争，矮树让；大树争，小树让；强的争，弱的让；肥的争，瘦的让；东面争，西面让；南面争，北面让；上面争，下面让。遇崖壁则让，临溪涧则争；迎风面则让，顺风面则争；处阴暗则让，居光明则争；长枝势如奔让，短枝形同无争。

争让是动态的，而非静止的。往往此消彼长，交替进行。长此以往，循环不断，争争让让，让让争争。争让互换，长短互补，阴阳交互，主客更迭。

在一棵树的大系统中，牵一发而动全身，任何枝干的折断、死亡、退化都将打破系统平衡，从而产生新的争让以达到建立新的平衡。同理，任何枝干的徒生猛长也会打破系统的饱和状态，从而导致新的争让，产生新的平衡。

争让是一种自然现象，是客观存在的。直干、斜干、曲干，平枝、瓢枝、跌枝、上扬枝无不与环境和树理相关，枝长枝短、枝大枝小无不与争让相连。传统盆景理论讲到"四歧出枝""枝不压枝，片不叠片"就是朴素的争让观。其中也包含有空间布局、环境制约等理念。

理清了树木争让的实质和基本规律，就理解了树木的前因后果，再结合个人的文化和艺术修养，盆景创作才有底气，制作时才会干出有理、枝出有名，不去凭空臆想；才会更好地尊重自然、研究自然、还原自然、表现自然，让作品既符合自然规律，又符合艺术规律；才会更好地区分道与术，不会在不明白道理的情况下去炫技；才会以不变应万变，一树百做，反映出不同自然环境下的不同树貌。

盆景泰斗孔泰初大师，一生不断向大自然学习，每当拿到一个桩坯都要反复研究，根据树理树性，确定未来走向，尽量做到与大自然形似。他的作品树理交代清楚，争让有序，末梢纤细自然，其严谨的科学态度和精神，给后世盆景人留下了宝贵的遗产。

台湾盆景创作家高文彬先生长期对大自然观察研究，率先提出并运用生命科学于盆景，其作品关注生命，讲求逻辑，自然率性，返璞归真，内部结构严谨，外部形态饱和，马来西亚盆景组织曾经收藏其作品作为盆景教科书的案例。

有人说，盆景是把思想种在时间里的艺术。所谓的思想就是植物的生命科学，是争让在盆景中的正确表现，是对植物生长、退化规律的正确把握，是对环境的制约与磨砺的客观认识——简言之，就是盆景的自然之法。

自然本无法，法在自然间。盆景有道，道法自然，自然法即为盆景法。争让为法，争让为自然，法无定法，式无定式，法为自然，式亦为自然。

一件好的盆景作品，必然关注枝干争让，推理树的生命历程以及它所处的环境。期待有更多的同好关注盆景的自然性，期待有更多艺术性和自然性统一的盆景。

此文刊登于《花木盆景》2018年04下半月刊。

善于发现　敢于创作
——一件丛林黄杨《童梦》的创作过程

宋有斌

作者简介：宋有斌，男，1980年生，云南曲靖人。2005年接触盆景，便痴迷于其间。此后遍访名师，大胆探索，重于实践。作品形式多样，创作思路不拘一格，意趣悠远。其盆景作品在省市和全国盆景展览中均获得优秀的成绩。2019年1月被云南省盆景赏石协会授予"云南省高级盆景艺术师"荣誉称号。

好的盆景素材可以通过山采和人工培育，山采取材直接，但近年来大量采挖，数量和质量下降，不利于生态保护；人工培育时间长、成本高；好桩难求，所以要在普通桩材中发现美、创造美！

贺淦荪先生说"丛林盆景的布局造型，一要顺乎自然之理，二要合乎造型之法，三要表达作者主意，三者缺一不可"。只有三者互相融合，互相统一，才能创造出盆景的艺术美和意境美。

都市喧嚣，盆景给心灵留下了一片宁静的栖息地，同时勾起了对童年的回忆——山林、青草、流水、牧童……还有那无忧无虑的快乐时光。梦回童年，情景再现，便是此桩创作的初衷！

选材

2010年偶得此桩，此桩为一本多干丛林黄杨，高低错落，疏密有致，大小共10余干，粗细搭配协调，是多年来一直寻找的桩材，得到此桩甚感欣慰（图1）。

审桩裁剪

经过认真观察，发现主干底部比较拥挤；仔细推敲决定去掉4个大干，留其精华，变成一本九干丛林，

图1　一本多干丛林黄杨

一改之前的拥挤姿态；此时主次分明，顾盼呼应，表现自然，富于变化（图2）。

养护蓄枝

黄杨生长速度缓慢，为早日达到培养目标，需要精心管护、定期翻盆、换土、施肥、浇水，用大而深的盆放养，使其营养充足，生长旺盛，早日成型（图3）。

造型技法

黄杨枝干增粗慢，成型时间长，所以采用剪扎结合，大枝蟠扎定位，小枝细心梳理，缩短成型时间。

配盆

丛林盆景要显示出丛林野趣，旷野风光，就不宜选用深盆，盆深则显树小；盆浅则显树高大，空间感强，视觉效果好，画面更加生动，因此选用汉白玉石板加工为砚盆（图4）。

展前准备

树的青，干的黄，盆的白，青苔的翠，形成了强烈的色差感；丛林中，野趣横生，场景空间感强，其间放一牧童，勾起对童年林间放牧的回忆，情景交融，给人以无尽的想象（图5）。

通过自己多年努力，对此桩的整体创作一直围绕下疏上密、左放右收的构思，在云南省第九届盆景展上取得银奖的好成绩，但整体枝片成熟度不高，左下飘枝枝长不够，动势不强，还有待进一步提升！

图2　大盆放养

图3　主次分明，表现自然

图4　用汉白玉石板加工的砚盆

图5　《童梦》，宋有斌作品，黄杨，100cm×95cm

此文刊登于《花木盆景》2019年02下半月刊。

水旱盆景《冬林傲骨》的创作

韦群杰

立意

无论树木盆景、山水盆景，还是水旱盆景，在创作中都要重视立意，讲求"意在笔先和形象思维"，注重艺术上的主客观统一。造型上不拘于表面的形似，而讲求"妙在似与不似间"。

一般来讲，立意的方法有"意在笔先"、"因材创意"、"因景立意"三种。

"意"从哪里来？一是创作者对现实生活的丰富观察、创作经验的充分积累。二是创作者的个人修养，这样在创作前，创作什么？怎样创作？在头脑中便形成了成熟的构思。

1. 意在笔先

就是先打腹稿。当我们游览名山大川之后，或从诗词、诗歌等文学作品中感触的内含和意境深深打动我们的内心世界，很想把大自然和文学作品中的美景再现出来，于是根据所要表现的内容与景象，选择恰当的石料去制作。这和画山水画一样，胸有丘壑，意在笔先。古人在《山水论》中说："凡画山水，意在笔先"。"先具胸有丘壑，落笔自然神速"。这不仅是画山水画的秘诀，也是山水盆景创作的重要依据。

2. 因材创意

这主要是根据现有的材料来创造意境。有时是靠灵感创造意境。创作时往往受到材料的限制，要机动灵活，就料设计，因料制宜，根据树木的树形、大小，配石的色泽、皱纹等自然特点，边布局、边构思、边立意、灵感、意境就出来了。

3. 因景立意

这有两种情况：一是受材料限制，先根据现有材料制作出盆景作品，再根据盆景的景观来立意；二是当我们从市场上买回一盆景时，被盆中的景观深深打动我们的内心世界，让我们产生了很多联想，于是根据我们联想到内容与景象，给这盆盆景取个名，立个意。

选材

下面就提供的材料，用"因材创意"的方法做一盆水旱盆景（边制作边创意）示范。

(1) 朴树（图1）。
(2) 黄金草、珍珠草、苔藓等植物（图2）。
(3) 龟纹石（图3）。

选盆

根据材料，选择一个适合的长方形大理石盆（图4）。

布局

(1) 剪裁粗细长短相当的两根金属丝（铝线），然后用云石胶粘接固定在所需位置，用来捆扎树根，以起到固定树木的作用（图5）。

(2) 对所需树木进行脱盆处理。先把多余的土球去掉，然后对根部进行修剪，把主根剪短，多保留毛根须根（图6）。

(3) 对树木进行审视、初剪。把较长的枝条剪短，把对生枝、交叉枝、车轮枝等忌讳枝剪掉（图7）。

(4) 上盆布置栽种树木。先在所栽种树木的盆面上放置一些泥土（图8）。然后把主树布置在适合的位置。什么是适合的位置？就是要确定"宾主"关系。所谓的宾主，就是水旱盆景中哪棵树是主树主景，哪棵树是配树配景。也就是各景物中以哪一部分为主体、为中心，以哪些为客体、为陪衬。要做到主树主景突出，宾主有别，参差有序。"宾"不欺主，"宾"随"主"行。布局时，主树主景不要布置在盆的正中心，否则呆板；也不要布置在紧靠盆的边缘，这样会

图1 朴树

图2 黄金草、珍珠草、苔藓等植物

图3 龟纹石

图4 根据材料,选择一个适合的长方形大理石盆

图5 剪裁粗细长短相当的两根金属丝(铝线),然后用云石胶粘接固定在所需位置,用来捆扎树根,以起到固定树木的作用

图6 对脱盆的树进行初步处理

图7 剪掉多余的枝条

图8 盆面放置一些泥土,确定主树位置

显得重心不稳。通常布置在盆长的1/3处为好。主树主景布置在盆的左1/3处，还是布置在盆的右1/3处，这要根据主树主景的向背来确定，如主树朝向向左就放在右侧，朝向向右就放在左侧。所以，主树主景的朝向要有明显的方向性。"宾""主"在盆中的前后位置，既可以主树主景居前，也可以主树主景居后。这些要求就是适合的位置（图9）。

（5）布置其他配树。在布置其配树时要注意不要与主树在一个纵或横线上，应有前有后，有左有右，有疏有密，有藏有露，有高有低（图10）。

（6）用土先盖住树根固定树木，再做土面整形，按照大自然的地形地貌规律进行整理固型（图11）。

（7）种植小树或小草。在比较空旷的地方栽种小树小草。以表现丛林的上中下、左中右、前中后的层次变化（图12）。

（8）树木布置完成，再次审定、修改、定稿，使其达到满意的效果。对布局、组合好的空间画面从正面、侧面、后面、仰、俯等不同的角度进行全方位的审视、审美，对不理想的地方进行修改，直到理想满意为止（图13）。

（9）布石。用龟纹石布置水岸线：一是固土，二是表现江河、湖泊两岸或水畔的变化。水岸线布局不要在一个纵或横线上或围成一个弧形或方形。围石要有大小、高低、厚薄之分，布置要有主次。做到前后、左右高低起伏、疏密露藏、曲折迂回（图14）。

（10）初步布置好以后，再进一步仔细审视、精细调整。对一些不理想的外形进行精雕细刻，如造型、色彩、纹理等是否协调一致，否则要对其进行精雕细刻的处理，使其达到理想的程度（图15）。

（11）粘接胶合。用水泥把布置好的水岸线的石底与盆面粘贴到一起，把多余的水泥和黏合剂要用刷子或排笔刷洗干净。外露的水泥或黏合剂如与整体山石的色彩不协调统一，要用颜料调色涂刷，使其色彩统一，尽量避免留有人工痕迹（图16）。

（12）用喷器对着土面适当喷水，使土潮湿，便于后面铺设青苔（图17）。

（13）铺设青苔。铺苔可以起到保土保水的作用和绿化的作用（图18）。

（14）点石。在适当的位置上点上几块大小不一的石头，以增强地形地貌的变化（图19）。

（15）点种小植物，以增加地域植物的多样性，同时增强层次感和起到以小衬大作用（图20）。

（16）最后对整体进行造型修剪。对整体树木花草进行整型修剪，使其达到理想效果（图21）。

（17）作品完成后。在经几年的养护培养，可成为一盆有艺术价值的盆景。

图9　确定"宾""主"关系

图10　布置其他配树

图11　固定树木，做土面整形

图12　种植小树和小草

图13　多角度审视、修改

图14 布石

图15 精细调整　　　　图16 粘接胶合　　　　图17 喷水，便于铺设青苔

图18 铺设青苔　　　　图19 点石

图 20　点种小植物

图 21　造型修剪

题名——《冬林傲骨》（图22）

图 22　完成后的作品

此文刊登于《花木盆景》2018年08下半月刊。

素仁与文人

太云华

2017年9月28日,一个平平常常的日子,但对于中国盆景艺术的发展来说,注定是一个不平凡的日子。

由广州海幢寺、中国风景园林学会花卉盆景赏石分会联合主办,广东省盆景协会、广州盆景协会承办,"弄文玩素"盆友群协办的"岭南素仁格盆景艺术研讨会"及当代岭南盆景艺术家创作的80余件素仁格作品专题展览在广州海幢寺低调举行。

岭南素仁格盆景艺术研讨会现场

本次研讨会的召开,自然引发了一个盆景界长期悬而未决的学术问题:到底"素仁格"与"文人树"之间有着怎样的关系?

"素仁格"与"文人树"

"素仁格"是20世纪四五十年代由广州海幢寺住持素仁方丈创立的唯一由后人以创始人名字命名的一种盆景风格。它是我国盆景艺术园中乃至世界盆景艺术园中一朵素雅脱俗的奇葩,"是文人素养和道家哲理的集中表现,是'文人树'造型的先行者。"[①]"文人树"一词源于日本盆栽中的"文人木",有舶来之嫌。但追根溯源,"文人木"应是渊源于中国古代的"文人画"。"日本《近代盆栽》杂志曾登载过介绍'文人木'的文章,文中明确指出'文人木'是学习参照中国'文人画'中树木的形态创作而成的。"[②]

素仁遗作

现代画家兼理论家陈师曾指出:"何谓文人画?即画中带有文人之性质,含有文人之趣味,不在画中考究艺术上的功夫,必须于画外看出许多文人之感想,此之所谓文人画。"[③]文人画的价值在于画外"文人之感想",而非画中技巧等"艺术上之功夫"。

文人画是一种综合艺术,它集文学、书法、美学、绘画及篆刻艺术为一体,是画家多方位文化素养的集中表现。在画家的笔下,绘画的对象不是单纯的自然景物,而是君子人格的化身,借此抒发他们的忧患意识,理想人格的追求和审美价值的取向。文人画如此,"素仁格""文人树"亦如此。

"素仁格"与"文人树"背后蕴含的精神特质

自古以来,"穷则独善其身,达则兼济天下"是

---

① 郑永泰:《也谈盆景的意境》,刊于《花木盆景》杂志B版,2008年第四期。
② 胡运骅:《我认知的"素仁格"盆景》,刊于《素仁禅影——岭南"素仁格"盆景艺术论文集粹》第29页,中国文艺家出版社,2019年。
③ 陈师曾:《文人画之价值》,刊于《中国文人画之研究》第5页,浙江人民美术出版社,2016年。

中国文人的两大生命主题。一方面是儒家的修身、齐家、治国、平天下的政治抱负；一方面又是道家的清静无为、放浪形骸的养生哲学。但理想与现实的矛盾，造成了才华横溢的文人们无法适应官场氛围。典型如陶渊明、李白、苏轼等文人与官场氛围的矛盾冲突。

一方面，由于儒释道思想的影响，文人们更多的是从人与政治、人与物质、人与自然、人与社会的关系中求得和谐。特别是道家追求"天人合一"、世间万物遵循自然的规律，使文人们的精神境界得到了较大的提升。所以，当现实与志向产生抵触的时候，文人们通常选择放浪于江湖、陶醉于山水、吟诗作赋、回归自然，抒写个性，追求心灵的自由，以期找到心理上暂时的和谐。对于有着更高精神追求和文化素养的中国文人来说，"天人合一""道法自然"是其追求的终极理想。这便导致了中国文人与中国古典园林艺术和盆景艺术结下了难解之缘，这份缘分对中国古典园林、盆景的艺术化发展起到了极大的推动作用。文人们在园林艺术和盆景艺术的参与中所表现出的特质，并非是简单地模拟和再现自然景物，而是寄托文人们理想人格追求和审美价值的一种载体。他们将自己的情感、志向寄托在其中，借景解忧，以花怡情，更重要的是在对自然的感受中体悟到了生命的意义。

另一方面，佛教传入中国以后，特别是惠能六祖完成了佛教的中国化、世俗化、平民化，使禅宗文化成为中国传统文化中的一个重要组成部分，深刻地影响了唐宋以来中国哲学的思想和文化艺术。同时，中国传统文化的精髓对有一定文化修养的僧人也产生了很大的影响。僧人们进行艺术创作时，常常在借助佛教经典思想的基础上，融入中国传统文化的精华和特点，以表达自己的修正感悟，解析佛教义理，阐述对亲情、友情的眷恋，并将自己的心得及信仰表现出来，反映自己的人生态度和价值追求。与此同时，僧人们还常常与文人、士大夫吟诗酬唱，从文人、士大夫的创作中汲取有益的养分，从而大大提高了艺术创作的审美价值和艺术价值。而佛教也在中国文人、士大夫中产生了巨大影响，使得文人、士大夫求和谐的途径增加了，思想的境界拓宽了。在人生的转折关口，坦然面对，保持心理的平衡与谐和，达到人生的最高境界。同时，他们吸收了佛教中的精华，将其转化为艺术观点，把他们深厚的情感体现在艺术创作中。我们从唐代大诗人王维的作品中，可以体会到他思维意识中淡淡的禅意，以及这种思维意识对他开创中国文人画的影响。

《坛经》有云：佛法在世间，不离世间觉。僧人的"不俗"，绝非清高绝俗，而是身处世俗，却又不为世俗所困扰。所以僧人不仅重视自身的修行，同时也注重与世人的来往。从王维到《韩熙载夜宴图》中的明德和尚，苏轼与佛印禅师、赵孟頫与明本禅师，到近代的苏曼殊、弘一法师等，我们均可看到僧人与世俗，文人与佛教思想的亲密交融。

另外，从遍布中华大地上的佛教造像艺术中，我

韩学年作品：《海幢遗韵》

韩学年作品：《静悟》

韩学年作品：《清幽曲》

《根韵》，郑永泰作品，山松

们也可一窥佛教与中国传统文化内涵的关系随着佛教的传入，佛教造像艺术亦随之落地中华。中国的佛教徒们在遵循佛教经典思想的基础上，逐渐融入了中国传统文化的精华和特点，历经千年逐渐形成了具有中国文化内涵的佛教造像艺术。

一位雕塑家曾说过，中国雕塑与西方雕塑的区别，本质在于：中国的雕塑是建立在写意情怀之上的，而非遵循西方的人体解剖学。

从上述案例中我们均可看到，千百年来，僧人与世俗，文人与佛教之间有着千丝万缕的联系。文人的"达则兼济天下"是天下同乐的精神思想，与僧人的"不俗"构成了一幅"天下同乐"的和谐画卷。

其实，世上没有单纯地只受一种思想影响的人。今天，当我们试图去理解的时候，你会看到儒家、道家、佛家等因素的相互作用。它悄然地融入到我们的血脉中，深入到每个中国人的精神世界里，它需要我们以客观的态度，全方位地去认识。

所以，对于"素仁格"与"文人树"，虽应从二者的精神层面来研究，但要注意的是，切不可一提"素仁格"，就把什么都扯到禅宗上，这其实是一种偏颇。只有纠正这种偏颇，才有可能将"素仁格"与"文人树"的研究提升到一个新的高度。"而丰富多采

的精神活动一旦戴上模式化的枷锁，就很难有所创造有所作为。"[4] 其实，"文人树"与"素仁格"两种称谓的盆景艺术，并不是孤立地存在于我国现行盆景领域，二者之间有着很大的交集，字面已无法定义和区分它们"不求形似，只求神韵"的精神内涵。况且，儒家的"亲仁与爱物"，道家的"道法自然"，禅宗的"物我两忘"，他们都有着一个共同的目标，那就是平凡中追求深远，有限中追求无限的感情，是"天人合一"的思想境界，是一种相互渗透的和谐，彼此亲近的融洽。所以，不论是文字上的和与不同、情绪上的亢与郁、思想上的同与异、理想上的成与败，从根子上讲，文人和僧人都是为了求得人生的和谐。

虽然我们一直在传承，一直在行动，但遗憾的是，很多时候，我们对"素仁格"和"文人树"还是"难以做出明确界定，某些作品有时只能凭观者的理解作出判断。"[5] 同时，"凑热闹随大流的弄树行为"（韩学年语）比比皆是，更不用说圈外人士如何区分二者了。盆景不仅仅是盆景，它更是一种文化，一种人生态度。

承担时代责任，融合中西，各取精华。正确把握、理解、完善"素仁格""文人树"的理论体系与实践探索

"素仁格"与"文人树"如何辨别？看似学术问题，实则是文化的归结，其价值不在盆景本身。

早在2009年，韩学年大师就曾呼吁："'素仁格'与'文人树'相比，具有更鲜明的民族风格与精神，有更明晰的精、清、秀、逸的'文人'画理。善用'素仁格'这一中国盆景宝贵财富，把'素仁格'与'文人树'盆景统称为'素仁盆景'，在国内和国际盆景界中培养起一个鲜明特色的民族风格称谓，是扩大中国盆景影响力的一个举措。"[6]

无论定义为"素仁盆景"，抑或"文人盆景"，还是定义为其他的称谓，我认为已到了势在必行的地步。这对"素仁格"和"文人树"的发展，甚至"对中国盆景传承中华文化，提升队伍的素质，更好地向多元化发展，以增强对外张力有着深远的意义。"[7] 否则，"岭南素仁格盆景艺术研讨会"必将流于形式，"素仁格"和"文人树"依然陷于纠缠不清的尴尬境界，也必将由于其"神秘性"，出现"凑热闹随大流的弄

---

[4] 宋家宏：《全球化语境下的西部文学》，刊于《云南文艺评论》2005.4；《延河》2007.6。
[5] 郑永泰：《文人画：文人树的创作源泉》，刊于《欣园盆景》第141页，岭南美术出版社，2013年。
[6] 韩学年：《"素仁盆景"憧憬》，刊于《花木盆景》杂志B版，2009年第一期。
[7] 郑永泰：《文人画：文人树的创作源泉》，刊于《欣园盆景》第143页，岭南美术出版社，2013年。

《鹤立》，赵庆泉作品，真柏

《天寒红叶稀》，徐昊作品，山榆，95cm×46cm

树行为"而聊以自娱。这对"素仁格"和"文人树"的弘扬、发展无济于事。

总之，"素仁格"与"文人树"，是历史形成的客观存在，它们之间既不矛盾也不对立。我们只有以尊重的态度，接纳的胸怀，才能营造出共存共融的和谐局面，这也是未来中国盆景艺术的基本态势。

前进一步是人生，后退一步是黄昏。"素仁格"与"文人树"何去何从？将直接导向中国盆景艺术久远的未来。作为盆景艺术的始源国，中国盆景界必须承担起时代的责任，而不是流于形式地举办一个展览，抑或召开一次学术研讨会。"最灿烂的文明都是碰撞和融合的结果"。

"'素仁盆景'弃'格'的称谓后，相对地扩展了狭窄的岭南地域，融进了盆景界规范术语。'文人树'并不是一个地方流派风格，因而，倡导'素仁盆景'，并不是否定一个风格，与各地流派和个人不会产生冲突，而是缅怀一个先辈，继承一种风格，体现一种团结，树立起一种盆景国风。"⑧

民族风格是中国盆景文化得以生存的灵魂，我们要走向世界，走向现代，是以完善、发展我们自己民族文化为前提的，"越是民族的越容易成为世界的。"⑨今天的"素仁"，已不仅仅是一个人的称谓，也不再仅仅局限于岭南地区，"素仁"二字已经成为了一个文化"符号"。"素仁"和"文人"，都是中华民族的骨骼，都具有中华民族的性格，共同构成了中国传统文化的精神和盆景文化的内涵。

当代中国盆景艺术的发展，已经形成了一个群星璀璨、百花竞放、多元互补的格局。我们只有融合中西，各取精华，超越纷争，才能开启一个新的局面，创造当代中国盆景艺术的传奇和历史。

由于才疏学浅，以上仅为个人愚见。特别是本人既不真懂佛教义理，也不懂禅宗教义，更不清楚儒学机理。不妥之处，敬请各位方家斧正。但要弘扬、健全"素仁盆景"或者"文人盆景"，实在有赖于盆景界同仁的共同努力。

此文刊登于《中国花卉盆景》2018年01下半月刊，文字有增删改动。

---

⑧ 韩学年：《"素仁盆景"憧憬》，刊于《花木盆景》杂志B版，2009年第一期。
⑨ 宋家宏：《全球化语境下的西部文学》，刊于《云南文艺评论》2005.4；《延河》2007.6。

天地留魂——我和"柏老师"

制作、撰文：陈友贵　收藏：云南昭通李华龙

我对柏树情有独钟，时常在梦中与之相会，有时还会被它那"虬劲多变的枝干、狂野舞动的神态和生生不息的灵魂"所惊醒，但梦终归是梦，醒来后就模糊了。

没想到梦真会成真，那是2013年8月的一个下午，朋友约我去看树，那时它正在与死神抗衡，背对着我，虽然蓬头垢面，但瞬间就把我惊呆了，它就是我梦中找了许久许久的"柏老师"？它老干虬枝、苍翠古拙、生动奇崛、跌宕雄起，老且老矣却透析出无限的生机（图1）。强烈的冲动迫使我急于看看"老师"的芳面，当我和它迎面相对时，我泪目了……

一副浩然古柏蔚然成画，影现在我的眼前。黑黑的老皮写满了岁月的皱纹，看这枝干，好像早已枯死，但在这里伸展着悲怆的历史造型，就在这样的枝干顶端，猛地涌出了那么多鲜活的叶群，苍翠而生动！真了不起呀！这是大自然天地合一、天工开物的杰作。

面对这一株千年古柏，我在想，在树的面前，人类是多么的渺小、多么的微不足道呀。人类之于古树不过是匆匆过客而已。朝代更迭，春来秋往，灰飞烟灭，树是人非。秦皇汉武，不也化作粪土么？而树，则千年葳蕤，万年常青。那树冠、那树枝、那树干、那树根……曾经如诗的一切，而今一切的如诗。好像一切都已烟消云散，而一切又似乎千古不变。面对这千年古柏，我在想，人如果能够化作一棵树该有多好啊！作为有血、有肉、有思维的人，就应该像古树那样不畏严寒霜冻，不畏盛夏酷暑，不畏环境恶劣，不畏气候变迁，一旦扎根，就一如既往，顽强生长；将生命的全部意义凝结于大地；还应该像古树那样从不炫耀自身的粗壮、高大，而将自己凝敛厚重、朴实无华和脚踏实地风韵展现给世人；从不夸耀自己的冠韵、绿荫，而是默默地支撑起绿荫华盖荫护前行的路人（图2）。

我为古柏骄傲，为家乡有这样的古柏而自豪。那时的我忽然感觉自己的喉咙不受控制，被什么东西卡住了，已无言语可表！只感到满身的鸡皮疙瘩，喜到心了！我发誓一定要和这位天赐的老师认真学习！

和"柏老师"结识后，我慢慢地悟出了一些道理：

1．师法造化，以自然为师。大自然千变万化，多彩多姿，须细细品味，认真研读。盆景造型不能拘泥于模式，应突破条条框框，大胆开拓，勇于超越，让心自由地飞翔。

2．学海无涯，艺无止境。时常提醒自己戒骄戒躁，避免狂妄自满，用谦虚填充自己的心灵，以勤奋弥补自己的浅薄，做一个谦逊、博爱、快乐的盆景人。

3．友在心中、贵在坚持。

图1　局部的精彩回转，让我沉醉

图2　这是原桩坯，我的第一反应就是：你已经历尽了无数次的磨难，你这次会倒下吗？不，你不会，北风再狂，冰雪再狠，也不会摧折你顽强的身躯，加上你坚韧的信念和藏者细心的呵护你会好好的

图3　正反面确定后，开始对正面枯死部位进行雕琢

图4　大胆去除影响整体连接的枯面，让基部的力量往上延伸

图5　未进行雕刻的状态

图6　雕刻后的对比

图7 不同角度具有不一样的美

图8 完成雕刻后大枝的样貌

图9 制作完成后正面

此文刊登于《中国盆景赏石》2016年08月。

云南杜鹃盆景浅析

陈希

杜鹃是我国十大名花之一，其花色艳丽，花型丰富，开花时花冠浓密，自古就有花中西施的美称，白居易《山石榴寄元九》中云"花中此物似西施，芙蓉芍药皆嫫母"。

广义上的杜鹃通常指杜鹃属（Rhododendron L.）植物，该属植物全球约960种，我国约542种，除新疆、宁夏外，各地均有，但集中产于西南、华南。云南西北、东喜马拉雅横断山脉是世界杜鹃的种质资源分布中心，杜鹃花种类非常丰富。早在1904年，英国爱丁堡皇家植物园（Royal Botanical Gardens, Edinburgh）派福礼士（G.Forrest）来我国云南省从事植物采集与种质资源引种工作，在1904—1931年的28年间，发现了309个杜鹃新种，不断带走大量杜鹃种子，数以千万计的实生苗在爱丁堡等处培育了出来，然后择优栽种于园林中，使英国园林面貌焕然一新。在此基础上进而充分利用我国滇西的高山杜鹃，开展大规模的种间杂交研究，选育出大量美不胜收的常绿杜鹃新品种，成为今日英国园林中的典型素材与特色之一。英国人常说：没有常绿杜鹃，就不称其为英国园林。甚至还说：由于引入了中国常绿杜鹃，使英国庭园发生了一场新的技术革命。由此可见云南杜鹃品种非常优秀，在世界园林中有重要地位。

杜鹃叶色碧绿，分枝密，根盘稳健，树干肌理变化丰富，可观花观叶，是杂木类盆景中的优秀品种。邻国日本杜鹃盆景发展较早，品种和技术较为成熟，有较多的优秀品种和优秀作品，比较有名的如皋月这个系列。我国杜鹃盆景起步较晚，但是杜鹃品种资源丰富，尤其是云南，有较多的特有品种，从这些品种中找到适合做盆景的优秀素材，探明这些品种的植物特性，摸索出养护和造型的技术，假以时日，定会有优秀的作品问世。笔者将介绍一种较为适合做盆景的云南杜鹃品种——亮毛杜鹃。

亮毛杜鹃（Rhododendron microphyton）为杜鹃属常绿灌木，主要分布于云南西北部、西部，广西、四川和贵州三省（直辖市）靠近云南的地区也有零星分布，模式标本采自云南大理，当地人又称小米叶杜鹃、米花杜鹃。亮毛杜鹃分枝繁多，节间短，耐修剪，修剪后出芽多，容易形成紧密的云片，做盆景具有良好的枝性（图1）。叶革质，常绿，椭圆形或卵状披针形，长0.5～3.2cm，宽0.3～1.3cm，上面深绿色，下面淡绿色，叶片小而厚，具有光泽，有较高观赏性。伞形花序顶生，有花3～7朵，花冠漏斗形，蔷薇色或近于白色，长至2cm，花冠管狭圆筒形，开花时整个花冠较密，花团锦簇，鲜艳灿烂（图2）。花期3～6月，盛花期能持续20天左右，观花时间较长。亮毛杜鹃主干生长缓慢，寿命长，木质细密坚硬，枯干不易腐，主干皮色褐红，肌理变化明显，苍劲有力，具有良好的观赏性（图3）。自然状态下主干丛生较

图1　亮毛杜鹃叶性对比

图2　亮毛杜鹃的花

图3　亮毛杜鹃的干

多，独干较少，直径10cm以上大桩较少。大部分都为八方根盘，根脚稳健，但也依据生长环境而定，较为恶劣的石生环境中根盘较差。

除了优良的外观性状，亮毛杜鹃的养护性状也十分优秀。笔者2002年购入一株亮毛杜鹃裸桩，养护至今已有15年，一枝未枯（图4），除严重的人为养护失误外，几乎不死枝、跳枝，枝条稳定不易生长变形，且顶端优势明显，很少枯顶。亮毛杜鹃非常耐修剪，在云南几乎全年可修剪，萌芽力非常强，通常断口附近能激发3~5个新芽，修剪之后老干上也能出芽。对土壤和肥力要求不高，对气候适应性良好，耐热性强，笔者的一株亮毛杜鹃在江苏常州随园生长良好（图5，在此感谢师父王永康的支持和帮助）。但是不耐寒，骤降的零度以下低温和霜冻对其危害较大，在云南露天过冬没有问题，在偏北的省份和地区建议冬天移至室内或者有遮蔽的屋檐下养护。亮毛杜鹃抗病性强，病虫害较少，成活后养护难度不大。

综上所述，亮毛杜鹃的各种综合性状非常适合做盆景，是杜鹃里难得的盆景佳材。接下来笔者将从亮毛杜鹃的养护和造型两个方面进行探讨，与各位盆友交流自己的养护经验。

亮毛杜鹃的养护，总体来说难度不大，是笔者养护过的杜鹃里最容易的。亮毛杜鹃喜欢透水性佳的弱酸性土，土壤以弱酸性的沙土加入30%的腐叶土为宜，但是土壤的颗粒和孔隙不能太大，其幼根较为细弱，土壤颗粒太大幼根容易枯死。其对水分要求相对较高，比较喜湿，不耐旱，也不耐涝，盆中切勿积水，土壤透水性好的条件下，可以多浇水保持湿度。对肥力要求不高，怕重肥，通常以有机肥为主，化肥也可施用，但用量和浓度一定要低，每年花期过后的6~9月是生长的旺盛时间，这个阶段宜施2~3次肥，并对叶面喷施1~2次低浓度硫酸亚铁，可使叶色加深，光亮度提高。每年花期过后需及时对枝条进行修剪，防止种子生长，消耗养分，同时提高枝条间的通透性，防止真菌病害的发生。亮毛杜鹃很少有病虫害，夏天会有网螨，主要症状是叶面和小枝上出现白色斑点，出现时建议用低浓度乐果喷施叶面。夏天雨季保持通风透气，病虫害会比较少，因此当枝条过密要及时梳理。

亮毛杜鹃萌发力强，耐修剪，枝条韧性不高，小枝较脆，因此在造型方面，笔者比较推荐主要采用岭南盆景的截干蓄枝的造型方法进行造型，必要时候结合少量蟠扎，这样造型的好处在于可以最大程度地还原亮毛杜鹃在自然中的生长形态，使枝条苍老紧凑，开花时花朵繁密（图6）。亮毛杜鹃出芽较多，在小芽长到10cm长的时段，应及时清理多余的芽，留最佳枝位的芽，让其充分生长，由于小枝很脆，不建议使用铝线盘扎，很容易伤到枝条，可以用铝线或者布条进行牵引，定好枝条生长的角度即可，待枝条生长定型之后多采用修剪的方式进行造型。在造型中，亮毛杜鹃有个很大特色，即主干有柏树活一线的特质，只要有一条水线存活，植株就能良好生长，且其木质坚硬细腻不易腐，主干可以做成舍利干，加上其褐红的皮色，颇有几分柏树的味道，这在其他杜鹃里是较为少见的。笔者的一株亮毛杜鹃进行过尝试，主干被削掉一半多，正面几乎全是舍利，经过几年养护，杜鹃依然生长良好（图7），这也让杜鹃的造型有了新的突破。

亮毛杜鹃在国内其他省份的适应性还有待探索。除了亮毛杜鹃，云南还有很多品种的杜鹃，其中肯定不乏适合做盆景的优秀品种，可以说杜鹃是云南省又一个颇具发展潜力的特色系列树种。这些杜鹃是大自然的恩赐，笔者认为应该在保护自然生态的前提下，合理地探索和利用这些资源。盆景的优秀素材绝非一朝一夕便能闻名天下，一个品种或者一个系列，要历经时间的考量才能被认可，这背后是一批又一批，一代又一代盆景人锲而不舍探寻的艰辛和汗水，切忌急功近利。

此文意在抛砖引玉，希望有更多更好的云南杜鹃盆景能够被发现、发展和发扬。

图4　亮毛杜鹃盆景，陈希作品

图5 亮毛杜鹃分景,陈希作品

图6 亮毛杜鹃盆景,陈希作品

图7 亮毛杜鹃盆景,陈希作品

此文刊登于《中国花卉盆景》2017年03下半月刊。

仙家应在云深处
——解读黄敖训大师新作《懒云仙》

胡昌彦

黄敖训大师于2018年1月29日创作了一盆三干五针松盆景,题名《懒云仙》。该作品仙风道骨,韵味十足,摄人心魄,观之便有解读作品的冲动。

盆景创作需要深邃的思想,娴熟的技艺,更需要激情与想象。1月28日,黄敖训大师看到一株凌乱蓬松的三干五针松,慧眼识"才",决定对其进行创作改造。1月29日,收到黄大师微信"昨天徒弟开车出去转了圈,在新扩展的徒弟园子里看到一盆三干五针松,改作潜力很大!今天马上动手,预计明天完成。等会我拍照片与你分享。"分享是老师客气了,给我学习机会我必须珍惜。

开工制作,首先要做的就是选取最佳观赏面。原观赏面只是三干的均衡排列,呆板无味,形同操兵。调整后的三干疏密有序,聚散合理,树分两组,为后面的创作奠定了良好的基础。接下来蟠扎定型的艰辛不必赘述,黄大师用了两天时间完成创作,呈现在我们面前的是一幅清新唯美的画面。

立意深远,意在笔先

黄敖训大师看到这株三干五针松,联想到了深山之中,崖壁之下,白云悠悠,清风习习,高人韵士,懒坐其间(抑或醉卧其间),观风云变化,享自在人生。三株拟人化了的五针松,大概历经了三百年"人生",三百年里,沐雨露、斗霜雪、抗病虫、搏狂风,老而弥坚,扎根崖壁。"懒"是一种形态,是顺应环境的抉择;"仙"是一种理想,是生命历练的境界。正所谓:宠辱不惊,看庭前花开花落;去留无意,望天上云卷云舒。

因树造型,因势利导

桩材一本三干,三干均不同程度向右斜出。创作者心思缜密,环境设定巧妙,左面悬崖峭壁,罡风凌凌,右面临河涧,开阔宽松,多暖湿气流。离开环境的作品是没有生命的作品。好的作品与环境融为一

图1 调整前

图2 调整后

图3 改作后

体，和谐共生。环境假想使作品有了环境基础和创作依据。主干、从干聚拢组合，副干偏远飘逸。取右势，向背自明。

争让合理，穿插有序

作品右争左让（这是相对于环境的退让），前后穿插。左干居主，取争势，副干、从干如老二老三，唯大哥马首是瞻。从干紧随主干，处让势，选择穿插就是选择生命，前后布枝，深远莫测，左右顾盼，衔接自然；最右干为副干，面对主干从干，选择了旁移远走，谋求自身发展，右前飘枝舒展自如，充分体现阳面优越。主干相对于副干从干虽然有生的优势，但"木秀于林风必摧之"，它必须面对狂风暴雨，因而其枝短而粗，其叶短而疏。

干净利落，做工严整

作品创作过程中，黄敖训大师反复调整，力求尽善尽美。有的地方多一分则多，有的地方少一分则少，即使是针叶的多寡，也是十分讲究。完成后，作品画意盎然，形态高古，充分体现了立意在先、因树造型、布局深远、结构严谨、出枝有力、叶片严整、外形饱满、结顶饱和、轮廓线清晰多变的特点，总体给人感觉工整不失野趣，厚重兼得飘逸，清丽之中有雄浑，稳健而后是洒脱的风格。

格调高雅，意境深远

黄敖训大师一生对盆景艺术孜孜以求，创作从不间断，他把一腔深情倾注给了盆景事业。《懒云仙》凝聚了黄敖训大师对松树生命高度的认知和对盆景艺术的高度感悟，其格也高，其调也雅。明代诗人鲍恂《盛叔章画》里写到"仙家应在云深处"，沈周《送刘国宾》里有"平步为仙五云里"诗句。如果"云仙"是作品的形象，那么"懒"便是作品的灵魂。有画龙点睛之妙。唐代大诗人杜甫在《江畔独步寻花》中说"黄师塔前江水东，春光懒困倚微风"，大概说的是同一种"懒"吧。

黄敖训大师完成创作后表示，这次改作已经尽其所能，剩下的只能交给时间了。我们期待岁月继续塑造作品，让仙呼之欲出，云蒸霞蔚，懒得其所。

此文刊登于《花木盆景》2018年08下半月刊。

蒲小天地大　清气满乾坤
——菖蒲盆景砖瓦系列的创作

许万明

菖蒲的种养始于西汉，唐代开始作为文玩清供，至宋代，菖蒲盆景十分盛行。菖蒲与兰花、水仙、菊花并尊为"花中四雅"。菖蒲与盆景同源，文化底蕴深厚，是我国古老的、具有生命现象而独具神秘色彩的一种文化艺术。古时文人书斋、伏案研读、目力耗损疲劳，清晨，先人们从菖蒲叶尖上取下夜间形成的莹莹露珠来擦拭双目，以起到明目增智之效。先人奉菖蒲为神草，赋予菖蒲人格化，每年农历四月十四日，菖蒲生日这天，古人会对蒲仙祝寿，或呼朋唤友、"摆蒲"聚会、抚琴品茶，好不热闹！生日这天，还会用竹剪为"蒲"剃头，莳蒲、换盆、换土、弃枯叶，对其认真细致打扮一番，使蒲叶生发得更加细密。

古往今来，一株貌不惊人、如此低调的小草，为什么让孔子、屈原、苏东坡、吴昌硕这些圣人、文豪、雅士为其吟诗作画、如痴如狂，引得天下文人墨客的喜爱和赞赏呢？探究原因有三：其一，蒲有仙气被奉为神草。生于溪涧、长于石旁，具山林野趣、清幽洁净、无富贵气，形成了独具神秘色彩的蒲草文化；其二，蒲低调而具山林野趣。生野外而生机盎然，入厅堂则亭亭玉立，好似一幅活的山水画，不居山林却能领略山林野趣；其三，菖蒲的性格即是文人精神的写照。与泉石为伴、安淡泊、耐苦寒，是中国文人内在精神世界的寄托。总而言之，菖蒲照亮了中

图1　制作完成后的"全家福"

国文人的精神世界。

近年来，玩菖蒲又成了新时尚，现今蒲价理性回归，小小蒲草进入了寻常百姓家，家中书屋、茶室、茶铺、酒吧又摆上了小小蒲草。但凡在花市上售卖的菖蒲多为批量生产的塑料小盆装，精致上档次的大多就是换个紫砂小盆，文化意味不甚浓厚。正逢有好友要我给弄几盆菖蒲赏玩，还撂下话来，一定要像我搞盆景一样弄出点文化韵味来。正巧一日到陈老师府上品茗，茶室内一盆菖蒲小景使我眼前一亮，忽感一股清气袭来，顿觉满堂生辉。我心中顿悟，脑洞大开："秦砖汉瓦"它从远古走来，长城、古建、民居一直作为建筑材料沿用至今，它早已深深烙上了中国独有的传统建筑文化印记，彰显着我国劳动人民智慧。如果通过艺术构思，用具有中国独特建筑材料的青砖灰瓦作为载体，与菖蒲相结合，在继承传统的基础上，拓宽创新思路，定会呈现出具有传统文化内涵又富有时代精神的文玩清供，使小小蒲草焕发蓬勃生机。构思好了就马上付诸行动，材料备齐后，切割、拼接、雕刻、栽植、附石、铺苔……这些技术活缺一不可。

制作菖蒲，选材、构思最为关键，玩的就是创意。原则是宜简不宜繁，宜小不宜大，要贴近主题，使观者触景生情、引发联想，回味无穷！几天时间，几十件清新野趣的菖蒲小景一气呵成（图1制作完成后的"全家福"）。下面选9件与大家共赏：

图2 《梦寻桃花源》以大青砖为载体，左边挖穴植蒲，其旁附山石，一汪清泉从山洞外的桥下流过，右边残缺凹下的山箐营造得绿草如茵，沿阶而上，走过一段舒坦的路，再跨过小桥，寻洞探幽，触景生情，去寻找我们各自心中的"桃花源"

图3 《邀月》竹篱笆为背景，右置小松、人物点缀，左置小梯，可登梯走上月台。孤松树下空对月，月圆静夜思故乡；独在异乡为异客，每逢佳节倍思亲

图4 《茶语禅心》青砖右刻"茶语禅心"直奔主题。简洁文雅、素静低调、沁人心肺。一砖、一壶、一草，壶盖爬满野花，一片生机盎然……在茫茫人海中，我们要学会放下，不妨暂时停下匆忙的脚步，让疲惫的心灵稍事休息，以一颗平常心处事，不攀比、不争高下、安之若素。禅之精神就是立身于自己的心灵，不拘泥于物外的局限，人生就是在不断修行，调整心境，禅茶一味，感悟人生

图5 《悠然》用拼窗花的水泥块打底（平用），于"回"字形格内铺苔，呈现具有中国文化意味的绿色纹饰，紫砂小壶长着翠绿的蒲草，金黄小菊爬满壶盖，嫩绿的苔藓压歪了小杯，金黄竹篱依稀可见。取"繁华落尽心悠然，采菊东篱见南山"之意

图6 《收获》青砖托底，小桥边一汪扇形清池象征我国是以农为本之国，民以食为天，庄稼需要水的滋养；向右伸出的横直挂钩仿佛伸出的臂膀，拥抱整个秋天，满萝的金黄小草象征金秋的收获

图7 《上善若水》以浅边大理石长方盆托底，将盆面分隔成水旱两部分，充分利用了"水"元素。前面以菖蒲、珍珠草、苔藓点缀；后方用半圆形瓦条粘接，隔成水面，水面上置大小不一筒瓦两个。瓦中小树、蒲草，其势下奔亲水。最高境界的善行，就像水的品性一样，滋润万物而低调不争，阐释了"上善若水"这一主题

图8 《清风雅韵》青砖上挖穴植蒲，蒲后附石，面上布苔。微风轻拂，嫩绿的蒲草、满瓦的绿苔，清风雅韵，回味悠长

图9 《图腾》青砖托底,青瓦横置,中部植草、铺苔、附石,置龙首纹饰图案。触景生情,脑海中仿佛显现"秦砖汉瓦"从远古走来,承载着历史的沧桑,叙述着人间冷暖、世事的变迁;我们是龙的传人,对龙的敬仰和崇拜是中华民族的传统,而今,东方巨龙已屹立于世界民族之林

图10 《青青屋上草》青砖托底,青瓦横置,左贴勾头瓦龙首纹饰,其右植蒲点苔,触景生情,勾起儿时的美好回忆。青青屋上草,一岁一枯荣;追忆故乡梦,回味意无穷

附录1：省协会成立以来组织参加的全国大型专题展览及历届"云南省盆景艺术评比展"时间、地点

一、省协会成立以来组织参加的全国大型专题展览

2001年5月，组织参加在江苏苏州举办的"第五届中国盆景评比展览"，并获得5银9铜的成绩。由于历史原因，当年由云南省盆景赏石协会、昆明市园林局、曲靖老干花协3家分别组团参加展览，这也是云南省盆景赏石协会成立以来首次组织参加的全国性的专题盆景艺术展览，三个代表团共获得5银9铜的成绩。

银奖： 徐联庆《百年风云》；郭纹辛《相依》；肖体章《百年沧桑》；李茂柏《翠云》；肖绍林《展望未来》。

铜奖： 郭纹辛《壮志凌云》；杨利德《锦绣天成》；许万明《溪林遣兴》；刘世鸣《最美夕阳红》；韦群杰《江山如画》；太云华《明月松间照》；师正云《我欲乘风归去》；张映贤：《雍容》；祠金龙：《逢春》。

2004年10月，组织参加福建泉州"第六届中国盆景评比展览"，并获得4银12铜的成绩。

银奖： 汤永顺《春复春》《翠崖飘香》；太云华《丽水金沙》；杨寿海《翠盖如云》。

铜奖： 邹琨《一渡无人舟自横》；刘华东《红河雄风》；丁忠华《横空出世》；季青刚《牧童横笛随鹤去》；郭纹辛《上下求索》；解道乾《高峡出平湖》；太云华《独吟图》；杨寿海《双龙戏水》；杨利德《峥嵘》；肖绍林《滇中情》；罗学谦《合欢寒岩》。

2008年9月，组织参加在江苏南京举办的"第七届中国盆景评比展览"，并获得1银9铜的成绩。

银奖： 朱富林《游龙》。

铜奖： 许万明《两岸情深》；谭永林《彩云》；王元文《彝山神木》；马文鸿《林下论古今》；丁忠华《老干翠绿》祠金龙《晨望》；刘华东《游龙戏水》；杨利德《独立寒秋》；高光明《一身正气》。

2012年10月"第八届中国盆景评比展览"在陕西安康举办，由于当时云南省盆景赏石协会正在进行换届选举和举办"第五届云南省盆景艺术展览"，故未组织参加展览。

2016年9月，组织参加在广东番禺举办的"第九届中国盆景评比展览暨首届国际盆景协会（BCI）中国地区盆景展"并取得5银6铜的成绩。

银奖： 周宽祥《祥和》；崔洪波《叠翠》；包重达《春翠秋翡》；许万明《两岸情深》；余凡《苍洱神韵》。

铜奖： 周宽祥《春漫云岭》；张国琳《蛟龙入海》；沐仕鹏《风华正茂》；沐仕鹏《虬柯铁骨施礼仪》；普发春《盛气凌人》；李赟《叠翠》。

2017年12月，组织参加"2017粤台南风盆景展"，并荣获1金1银4铜的成绩。

金奖： 曾华均《太平盛世》。

银奖： 许万明《相思》。

铜奖：崔洪波《飞瀑乌蒙情》；杨宝和《迎客》；李金荣《会当击水三千里》；周宽雄《凌空飞渡》。

2018年1月，组织参加"第二届中国（海南）盆景精品展暨海南省第四届盆景展览"，并荣获1金2银4铜的成绩。

金奖：曾华均《太平盛世》。

银奖：崔洪波《飞瀑乌蒙情》；解道乾《秋水落霞》。

铜奖：车小伍《苍翠》；李金荣《会当击水三千里》；许万明《相思》；周宽雄《凌空飞跃》。

2018年9月，组织参加在广东中山举办的"2018国际盆景协会（BCI）中国地区委员会会员盆景精品展暨中国盆景邀请展"，取得1金4铜的成绩。

金奖：王昌《只手擎天》。

铜奖：沐仕鹏《起舞弄清影》；胡昌彦《秦风》；曾庆海《碧水东流》；周宽祥《钟灵毓秀》。

2019年2月，组织参加在杭州玉泉景点举办的"2019年首届女盆景师作品展"并取得3铜的成绩。

铜奖：胡少美《不问春风几时来》；牟燕《隐园雅趣》；李玉红《西湖柳韵》。

2019年4月，参加在江苏如皋，由中国盆景艺术家协会主办的"2019全国小微型盆景展暨中国·如皋盆景交易大会"，并取得1金1银的成绩。

金奖：魏兴林《大地情怀》。

银奖：魏兴林《欢聚》。

2019年7月，在昆明大观公园庾家花园举办的"2019年国际盆景协会（BCI）第三届中国地区委员会会员盆景精品展及中国盆景邀请展"展览上，云南省盆景赏石协会挟东道主之利，在本次展会上取得了2金14银23铜的成绩。

金奖：解道乾《万壑树参天》；魏兴林《大地情》。

银奖：曾华均《大树底下好乘凉》；程庆贵《力拔山兮气盖世》；和悦堂盆景园《松韵》；昆明世博园《横空出世》；昆明市翠湖公园《志博云天》；李杨《凤魂》；李赟《叠翠》；刘松华清香木；王卡《蓦然回首》；王志远《闻一林清净》；毓园《华夏魂》《清影香魂》。

2019年8月，组织参加在北京举办的"2019北京世园会国际盆景竞赛"活动，并取得了3金7银的成绩。

金奖：陈默《浮光耀金》；毓园《清影香魂》；王永春《神飞疏林外》。

银奖：尹辉《梦系桃源》；罗春祥《沧桑后的辉煌》；程宗德《其命维新》；王昌《不畏浮云遮眼界》；许万明《两岸情深》；周宽祥《祥和》；牟燕《为护青翠不知年》。

2019年9月，组织参加在贵州遵义举办的"2019年国际盆景赏石大会暨中国·遵义第四届交旅投杯盆景展"活动中，取得了4银3铜的成绩。

银奖：曾华均《顶天立地真君子》；苏力《三江溢翠》；王昌《五子登科》；张永顺《硕果》。

铜奖：曾庆海《水墨江山图》；吴康《曲韵悠然》；周宽祥《春江水暖》。

2019年9月，为策应国家第五届森林旅游节系列活动的开展，中国花卉协会盆景分会在江苏如皋举行"全国精品盆景展"，取得了2银6铜的成绩。

银奖：车小伍《苍翠》；徐家学《历经磨砺亦从容》。

铜奖：宋有斌《和谐》《童梦》；郭纹辛《守望》《探幽》；苏力《三江溢翠》；赵龙《风华正茂》。

2019年11月，组织参加"第八届中国盆景学术研讨会暨第二届长江上游城市花博会全国盆景邀请展"，并荣获2铜的成绩。

铜奖：裴秋璟《秋江冷艳》；张国发《春韵》。

2019年11月组织参加"2019中国西部地区盆景联盟成立大会暨中环国际'阅湖杯'盆景展"，并荣获3金1银1铜的成绩。

金奖：郭纹辛《守望》；陈金宝《和谐共赢》；徐家学《历经磨砺亦从容》。

银奖：徐家学《如歌岁月》。

铜奖：宋有斌《和谐》。

二、历届"云南省盆景艺术评比展"及邀请展时间、地点（由于各方原因，无法收集历届展的获奖作者及奖项，加之版面原因，故在此不再一一登录获奖名单）

历届"云南省盆景艺术评比展"时间、地点

第一届云南省（关上公园）盆景艺术评比展
时间：2000年9月25日至10月10日
地点：昆明市官渡森林公园（原昆明市官渡区关上公园）

第二届云南省（蒙自）盆景艺术评比展
时间：2002年8月15日至20日
地点：蒙自市体育馆

第三届云南省（大观公园）盆景艺术评比展
时间：2004年5月1日至10日
地点：昆明市大观公园

第四届云南省（昭通）盆景艺术评比展
时间：2008年8月1日至6日
地点：昭通市体育馆

第五届云南省（曲靖）盆景艺术评比展
时间：2012年10月3日至7日
地点：曲靖市龙潭公园

第六届云南省（世博园）盆景艺术评比展暨首届（世博杯）盆景精品邀请展
时间：2014年5月1日至7日
地点：昆明世博园

第七届云南省（通海）盆景艺术评比展
时间：2016年8月13日至19日
地点：通海县孔庙

第八届云南省（世博园）盆景艺术评比展
时间：2018年8月11日至17日
地点：昆明世博园

历次邀请展时间、地点

1. 2015年昆明"斗南"中国盆景精品邀请展暨云南赏石根艺展
时间：2015年1月15日至20日
地点：昆明市斗南"花花世界"

2. 2015年昆明"世博杯"中国盆景精品邀请展
时间：2015年10月17日至21日
地点：昆明世博园

3. 2016年昆明"世博杯"中国盆景艺术大师、名人、名园作品邀请展
时间：2016年5月1日至5日
地点：昆明世博园

4. 2017年昆明"世博杯"中国盆景艺术精品邀请展
时间：2017年5月1日至5日
地点：昆明世博园

5. 2019年国际盆景赏石协会（BCI）第三届中国地区委员会会员盆景精品展及中国盆景邀请展
时间：2019年7月11日至17日
地点：昆明市大观公园南园（庾家花园）

三、历届云南省盆景赏石协会理事长、秘书长

2000—2004年：第一届理事会理事长尚开伟，第一副理事长孙瑜，秘书长李茂柏。
2005—2008年：第二届理事会理事长尚开伟，第一副理事长孙瑜，常务副理事长兼秘书长李茂柏。
2009—2012年：第三届理事会理事长尚开伟，常务副理事长兼秘书长陈培来。
2013—2016年：第四届理事会理事长韦群杰，常务副理事长兼秘书长太云华。
2017—2020年：第五届理事会理事长韦群杰:，常务副理事长兼秘书长太云华。

附录2：省协会活动及各地活动花絮

2012年活动花絮

云南省（曲靖）第五届盆景展开幕式

2012年10月，云南省（曲靖）第五届盆景展现场

展会期间举行的第四届理事会换届选举会场

2013年活动花絮

2013年7月20日"云南省盆景赏石协会第二届盆景艺术研讨会暨盆景赏评会"全体人员合影

研讨会现场

中国盆景艺术大师刘传刚先生对现场作品进行点评

中国盆景艺术大师王选民先生对现场作品进行点评

2013年4月18日扬州国际盆景大会上，云南省盆景赏石协会参观考察团部分成员与中国风景园林学会花卉盆景赏石分会理事长甘伟林先生、秘书长陈秋幽先生合影留念

2013年4月18日扬州国际盆景大会上，云南省盆景赏石协会参观考察团成员苏力先生与中国风景园林学会花卉盆景赏石分会副理事长韦金笙先生亲切交流

2013年7月23日，中国盆景艺术大师王选民先生到曲靖参观考察

2013年7月30日，楚雄彝族自治州盆景展嘉宾合影

2013年7月30日，中国盆景艺术大师王选民先生在省协会同仁的陪同下到曲靖市老年花卉盆景协会考察、指导

2013年7月30日，楚雄彝族自治州盆景展评奖中

2013年9月,拜会中国盆景艺术大师韩学年先生并参观考察"品松丘"盆景园

2013年9月,参观"2013中国(古镇)盆景国家大展"

2013年9月27日,建水县盆景展览评奖中

2013年12月26日,丽江市盆景协会成立大会

2014年活动花絮

2014年5月1日至7日,"第六届云南省(世博园)盆景艺术评比展暨首届昆明(世博杯)盆景精品展"开幕式后展场上部分会员与中国盆景艺术大师谢克英先生、陆志伟先生及省协会人员合影

虚心请教,红衣者为大理大学老师马燕华女士,一旁拿照片者为其丈夫陈小军先生

云南昭通籍青年盆景艺术家陈友贵现场创作表演

"第六届云南省(世博园)盆景艺术评比展暨首届昆明(世博杯)盆景精品展"开幕式后中国盆景艺术大师陆志伟先生现场点评

中国盆景艺术大师谢克英先生现场点评

2014年1月2日，云南省盆景赏石协会理事单位云南锦萃园林工程有限公司代表玉溪市人民政府在"第十四届梅花蜡梅展览"上创作的室外地景《生态玉溪》荣获室外地景类特别金奖

2014年2月4日，中国鹤庆兰文化旅游节暨盆景展

2014年2月22日，获得"云南省盆景艺术家"荣誉称号的盆景艺术家合影

2014年9月23日，广东顺德品松丘参观考察

2014年10月1日"首届宣威市盆景展览会"

2015年活动花絮

"2015年昆明'斗南'中国盆景精品邀请展暨云南赏石根艺展"开幕式

开幕式后,中国盆景艺术大师胡乐国先生现场点评

开幕式上,世界盆景友好联盟名誉主席胡运骅先生致辞

展会期间举行的"全国盆景艺术现场创作比赛"

展会期间举行的拍卖活动,由中国盆景艺术大师刘传刚先生担任拍卖嘉宾

展会期间举行了中国盆景艺术学术讲座,胡运骅先生、赵庆泉先生担任学术讲座嘉宾

中国盆景艺术大师刘传刚先生向云南省盆景赏石协会赠送书法作品

中国盆景艺术大师王恒亮先生向云南省盆景赏石协会赠送国画作品

2015年中国昆明"世博杯"盆景精品邀请展开幕式上,中国盆景艺术大师赵庆泉先生致辞

宜兴志诚陶瓷盆艺研究所所长徐小明先生(右)向展览承办方云南世博园艺有限公司总经理、云南省盆景赏石协会副理事长彭晓斌先生(左)赠送展会纪念品

中国盆景艺术大师陆志伟先生现场点评

中国盆景艺术大师王选民先生现场点评

客串老师——中国盆景艺术大师陆志伟先生

中国盆景艺术大师徐昊先生现场创作表演

中国盆景艺术大师徐昊先生现场点评

中国盆景艺术大师赵庆泉先生现场点评

2015年云南盆景艺术培训班全体学员合影

学员杨瀚森先生进行现场创作

主讲老师——中国盆景艺术大师王选民先生

助手解道乾先生进行铝线蟠扎讲解

2015年5月9日，弥勒市盆景艺术协会成立大会

2015年5月9日，弥勒市盆景艺术协会成立大会后嘉宾合影

2015年5月12日,红河哈尼族彝族州盆景艺术协会成立大会

2015年5月12日,红河哈尼族彝族州盆景艺术协会成立大会嘉宾合影

2015年5月28日,云南省盆景赏石协会与云南省专门从事古董、艺术品拍卖及艺术品经营的云翰雅集,首次联合将青花瓷、盆景艺术中华两大传统文化同台展出

2015年6月18日,昭通市第五届盆景奇石根艺展开幕式后,中国盆景艺术大师徐昊先生现场制作演示

2015年6月18日,昭通市第五届盆景奇石根艺展开幕式上魏兴林会长致辞

2015年6月27日,大理白族自治州盆景协会成立大会

2015年6月27日,大理白族自治州盆景协会成立大会后嘉宾合影

2015年8月6日,楚雄彝族自治州"魅力火把节,悠然茶花谷"盆景展嘉宾点评

2015年9月20日,参观考察中国盆景艺术大师谢克英先生的"天外天"盆景园

2015年9月21日，参观考察珠江钢管厂并与陈昌理事长合影留念

2015年10月1日，弥勒市首届盆景精品邀请展开幕式后红河哈尼族彝族自治州协会副会长刘华东先生做现场创作表演

2015年10月1日，弥勒市首届盆景精品邀请展开幕式后省协会副理事长许万明先生做现场创作表演

云南省盆景赏石协会副理事长解道乾先生在"华宁县盆景技艺培训班"上作现场创作表演

云南省盆景赏石协会常务副理事长兼秘书长太云华先生在"华宁县盆景技艺培训班"上作"盆景是精神的，也是物质的"专题讲座

2016年活动花絮

2016年5月1日,"2016年昆明'世博杯'中国盆景艺术大师、名人、名园作品邀请展"开幕式上,中国盆景艺术大师赵庆泉先生致辞

展会上,中国盆景艺术大师赵庆泉先生、韩学年先生、刘传刚先生与云南省盆景赏石协会副理事长王金龙先生、丽江盆景协会副会长和技端先生、湖北张先觉先生亲切交谈

中国杰出盆景艺术家、高级盆景艺术师张志刚先生现场创作表演

中国盆景艺术大师刘传刚先生现场创作表演

中国盆景艺术大师刘传刚先生现场讲解

中国盆景艺术大师刘传刚赠送墨宝"艺海无涯"以示对本次盛会的祝贺——常志刚摄影

中国盆景艺术大师田一卫先生现场创作表演

中国盆景艺术大师徐伟华先生现场讲解

中国盆景艺术大师郑永泰先生现场讲解

中国盆景艺术大师胡乐国先生、袁心义先生及张志刚先生在展会现场

国际盆景赏石协会中国区副主席吴敏先生现场交流

通海县政协副主席尚学寿先生（左二）、通海县盆景协会会长沐仕鹏先生（左三）向通海县相关领导介绍中国盆景艺术

展览期间的侗经古乐演奏队伍

第七届云南省（通海）盆景艺术评比展开幕式上，中国盆景艺术家协会会长苏放先生作现场点评

中国盆景艺术大师樊顺利先生现场点评

中国盆景艺术大师王选民先生现场点评

中国盆景艺术家协会会长苏放先生为云南（通海）会员活动中心授牌

国际盆景赏石协会（BCI）荣誉主席苏义吉先生、第一副主席郑惠莹女士以及美国、德国、加拿大、印度、日本、马来西亚和我国台湾地区的国际盆景赏石协会理事会代表团一行与云南省盆景赏石协会负责人在揭牌仪式上合影留念

尼坤先生、李克文先生、周宽祥先生为国际盆景赏石协会（云南）交流中心揭牌

尼坤先生、李克文先生向周宽祥先生颁发国际盆景赏石协会（云南）交流中心证书

2016年2月20日，第26届中国（大理）兰花博览会盆景展上，云南省盆景艺术大师杨云坤先生现场点评

2016年2月21日，第26届中国（大理）兰花博览会盆景展颁奖嘉宾与获奖者合影

2016年7月16日，"第二届宣威市盆景展览会"开幕式后嘉宾合影

2016年7月16日，中国盆景艺术大师徐昊先生点评作品

2016年7月16日，楚雄彝族自治州花木盆景协会盆景技艺交流活动，程庆贵先生作技艺交流

2016年8月16日，中国盆景艺术大师王选民先生、国际盆景协会（BCI）中国区委员会副主席吴敏先生参加丘北县盆景根艺赏石协会揭牌仪式

2016年9月，云南省盆景赏石协会理事长韦群杰先生应邀在"第九届中国盆景展览暨首届国际盆景协会（BCI）中国地区盆景展览"上作表演，右为助手孙祥先生

2016年9月，云南省盆景赏石协会组团参观考察广东省容桂盆景协会

2016年9月，云南省盆景赏石协会组团参观考察岭南盆景艺术大师郭培先生的盆景园

2016年9月，云南省盆景赏石协会组团参观考察岭南盆景艺术大师何焯光先生的盆景园

2016年9月，云南省盆景赏石协会组团参观考察中国盆景艺术大师韩学年先生的"品丘松"

2016年9月，云南省盆景赏石协会组团参观考察岭南盆景艺术大师王金荣先生的盆景园

2016年9月，云南省盆景赏石协会组团参观考察中国盆景艺术大师彭盛材先生的"彭园"

2016年9月，云南省盆景赏石协会组团参观考察中国盆景艺术大师郑永泰先生的"欣园"

2016年10月，参加"BCI四川国际交流中心揭牌仪式暨蜀韵草堂杯盆景"展览

2016年11月，华宁县盆景赏石协会成立大会

2016年11月19日，大理白族自治州建州60周年盆景赏石文化艺术节上，中国盆景艺术大师王选民先生现场点评

2016年12月24日，云南省盆景赏石协会、上海市盆景赏石协会、泉州市盆景赏石协会共商友好协会发展大业

2016年12月24日，云南省盆景赏石协会、上海市盆景赏石协会、泉州市盆景赏石协会在昆明和悦堂盆景园交流

2016年12月24日，云南省盆景赏石协会、上海市盆景赏石协会、泉州市盆景赏石协会在昆明新益州盆景园交流

2017年5月7日，楚雄州花木盆景协会2016年年会及第五届选举大会

丽江市玉龙县黄杨盆景艺术文化研究会成立大会嘉宾合影

2017年活动花絮

2017年昆明"世博杯"中国盆景艺术精品邀请展开幕式上,广东省盆景协会会长曾安昌先生致辞

泉州市盆景赏石协会常务副会长柯风在开幕式上致辞

上海市盆景赏石协会名誉会长陆明珍女士在开幕式上致辞

上海市盆景艺术大师许宏伟先生(左)、泉州市盆景赏石协会副秘书长曾志强先生(右)现场创作表演

云南省盆景赏石协会理事长韦群杰先生与广东省盆景协会会长曾安昌先生签订友好协会协议现场

云南省盆景赏石协会理事长韦群杰先生与上海市盆景赏石协会秘书长程晓华先生、泉州市盆景赏石协会副会长柯风先生签订友好协会现场

2017年8月,"中国爵——中国盆景作家国家大赛云南赛区海选赛"现场

2017年8月,"中国爵——中国盆景作家国家大赛云南赛区海选赛",陈友贵先生对参赛完成后的作品进行现场点评

2017年8月,"中国爵——中国盆景作家国家大赛云南赛区海选赛",徐昊先生对参赛完成后的作品进行现场点评

2017年8月,"云南省盆景艺术培训班"学员合影留念

2017年8月,"云南省盆景艺术培训班"实际教学

2017年8月,"云南省盆景艺术培训班"实际教学课上,徐昊先生针对学员的现场创作进行指导

2017年5月13日，云南省盆景赏石协会联合云南省观赏苗木行业协会，共同举办"云南省园林景观树造型培训班"。中国盆景艺术大师刘传刚先生作《盆景艺术在园艺景观中的应用》精彩讲座

2017年5月13日，培训班上，广东省资历深厚的盆景专家梁剑文先生、区玉荣先生、钟继流先生、曾东伟先生等对下山桩种植、嫁接靠接、庭院规划、绿化景观树的修剪以及绿化景观树的市场动向等方面进行现场讲解和实际操作培训

2017年5月24日，云南省"昭阳创园杯"盆景、奇石、根艺邀请展在昭通市望海公园开幕，嘉宾合影

2017年5月24日，云南省"昭阳创园杯"盆景、奇石、根艺邀请展开模后，岭南盆景艺术大师王金荣先生现场创作表演

2017年5月24日，云南省"昭阳创园杯"盆景、奇石、根艺邀请展开模后，中国杰出盆景艺术家、中国高级盆景艺术师张志刚先生现场创作表演

2017年4月,"滇韵·花魂"黑龙潭盆景书画展

2017年4月27日,赴日考察团成员与日本著名盆栽大师小林国雄先生合影

2017年4月28日,赴日考察团成员与日本著名盆栽大师山田美男先生合影

2017年9月29日，参加"广东省盆景协会成立30周年庆祝大会"并赠送书法作品

2017年9月30日，到广州流花西苑学习考察

2017年9月30日，到陆志伟先生、陆志泉先生处学习考察

2017年9月30日，到肖庚武先生处学习考察

2017年9月30日，到谢克英先生处学习考察

2017年9月30日，到中华盆栽艺术总会主委王振声先生处学习考察

2017年11月3日，参加梁悦美教授"紫园揭幕典礼暨《世纪之约》新书发布会"

2017年11月3日，赴台考察团成员到苏义吉先生处学习考察

2017年11月4日，赴台考察团参加开幕式后合影

2017年11月4日，赴台考察团成员到中华盆栽艺术总会国际部副主委廖柏棠先生处学习考察

2017年11月4日，赴台考察团成员到中华盆栽作家协会名誉会长杨修先生处学习考察

2018年活动花絮

首届云南省盆景艺术创作大赛现场

2018年8月"首届云南省盆景艺术创作大赛"冒雨参赛的选手

2018年"第八届云南省(世博杯)盆景艺术评比展"开幕式后嘉宾与会员合影

中国盆景艺术大师韩学年先生现场点评

中国盆景艺术大师郑永泰先生现场点评

2018年1月21日,马关县根艺盆景协会盆景交流活动

2018年3月17日,威宁盆景艺术研究会在盐仓镇土坡脚陈习勇园子举行第15次月会

2018年4月27日，云南考察团成员到上海市盆景赏石协会会长郭新华先生盆景园参观学习

2018年4月28日，云南考察团成员到上海市盆景赏石协会卫正军先生盆景园参观学习

2018年4月28日，云南考察团成员到上海市盆景赏石协会张继国先生盆景园参观学习

2018年5月12日，中国云南"昊龙杯"盆景奇石根艺精品邀请展开幕式后嘉宾合影

2018年5月12日，中国云南"昊龙杯"盆景奇石根艺精品邀请展开幕式后，昭通市盆景协会会长魏兴林先生向市县领导介绍参展盆景

2018年6月，昆明新益州会员活动中心盆景技艺交流活动

2018年6月，中国盆景艺术大师黄就伟先生、陆志泉先生到丘北县盆景协会进行盆景交流活动

2018年6月16日，德宏瑞丰盆景俱乐部首届盆景展开幕式上嘉宾合影

2018年6月16日,德宏瑞丰盆景俱乐部首届盆景展开幕式上,俱乐部负责人罗本秋向相关领导介绍盆景艺术

2018年7月1日,会泽观赏石盆景协会月会活动在马路乡青墨堂艺术工作室举行

2018年8月4日,"第三届宣威市盆景展览会"开幕式后嘉宾合影

2018年8月4日,"第三届宣威市盆景展览会"开幕式后,韦群杰先生点评参赛作品

2018年11月3日,宣威市盆景协会盆景制作联盟第27季主体活动在制作联盟成员李伟的盆景园如期举行。借此机会,昆明地区会员代表一行9人参加此次活动

2018年11月10日,禄武盆景爱好者交流指导活动结束后全体人员合影留念

2018年12月1日,云南省盆景赏石协会授予玉溪毓园"云南省盆景赏石协示范基地",这也是云南省盆景赏石协会授予的第二个示范基地

2018年12月22日,易门会员活动中心挂牌仪式结束后现场交流活动

2018年12月22日,云南省盆景赏石协会易门会员活动中心挂牌仪式结束后嘉宾合影

2019年活动花絮

2019年1月12日，云南省盆景赏石协会在通海组织举办的"云南省盆景艺术大师、高级艺术师、艺术师素质提升班"成员合影留念

2019年1月12日，云南省盆景赏石协会在通海组织举办"云南省盆景艺术大师、高级艺术师、艺术师素质提升班"上，秘书长太云华先生作《同心跨越，逐梦未来》专题讲座

2019年1月12日，云南省盆景赏石协会在通海组织举办"云南省盆景艺术大师、高级艺术师、艺术师素质提升班"上，协会理事丁红华先生作《摄影入门》专题讲座

2019年1月12日，云南省盆景赏石协会在通海组织举办"云南省盆景艺术大师、高级艺术师、艺术师素质提升班"上，理事长韦群杰先生作《盆景与礼仪》专题讲座

云南省盆景赏石协会副理事长苏跃文先生在"2019韩国清风盆栽展"开幕式上致辞

2019年国际盆景协会（BCI）第三届中国区委员会会员盆景精品展暨中国盆景精品展开幕式上，中国风景园林学会花卉盆景赏石分会理事长陈昌先生向云南省盆景赏石协会赠送《云岭盆韵》书法作品

中国风景园林学会花卉盆景赏石分会理事长、国际盆景协会（BCI）中国地区委员会主席、世界盆景友好联盟（WBFF）中国地区委员会主席陈昌先生在展览现场参观

展会期间，小微型盆景高峰论坛主讲嘉宾郑志林先生、主持嘉宾赵庆泉先生

展会期间，中国盆景艺术大师王元康先生担任"小微型盆景高峰论坛"嘉宾

2019年7月11日，中国风景园林学会花卉盆景赏石分会女盆景师委员会在昆明大观公园南园（庚园）宣告成立

中外盆景艺术大师现场创作表演

2019年"云南省盆景艺术创作大赛"参赛选手和评委合影

中国盆景艺术大师刘传刚先生、张志刚先生,国际盆景大师吴德军先生担任大赛评委

玉溪分会场——锦萃园林工程有限公司，嘉宾合影

玉溪分会场——毓园，嘉宾合影

展会期间，嘉宾在玉溪分会场锦萃园林交流

展会期间，嘉宾在玉溪分会场毓园交流

罗平协会部分会员在开幕式后和梁悦美教授合影

2019年9月17日，遵义国际盆景赏石大会贵阳分会场中外嘉宾合影

2019年9月17日，遵义国际盆景赏石大会开幕式后云南代表团与陈昌理事长、黄就伟常务副理事长、中国盆景艺术大师王如生先生合影

2019年3月23日，玉溪毓园创作交流活动

2019年3月24日，玉溪锦萃园交流活动

2019年3月24日，云南云超绿化园林有限公司春季盆景技艺交流活动

2019年4月22日，罗平县盆景协会盆景技艺创作交流活动

2019年6月1日上午，会泽县观赏石盆景协会"赏石盆景艺术创作交流活动"在协会副会长董宗平的承办下如期开展。活动结束后，与会人员合影留念

2019年6月1日上午，会泽县观赏石盆景协会"赏石盆景艺术创作交流活动"中，云南省盆景赏石协会一行8人到部分会员的盆景园进行实地考察，并对植物的栽培管理、植物的生理习性和发展方向进行了现场交流

2019年6月1日上午，云南省盆景赏石协会杨云坤先生在活动中进行现场交流

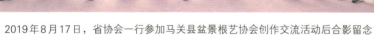

2019年8月17日，省协会一行参加马关县盆景根艺协会创作交流活动后合影留念

2019年8月17日，省协会一行参加马关县盆景根艺协会创作交流活动

2019年8月18日，省协会一行参加砚山县盆景根艺协会创作交流活动

2019年9月29日，"会泽县首届奇石盆景根艺展"开幕式上嘉宾、会员合影留念

编后记

《云岭盆韵》终于付梓了,感到如释负重。说实话,我们既非学者,又非专家,仅仅只是一群盆景爱好者,要做好这样一项工作,确实感到压力山大。

之所以出版此书,一方面,鉴于云南盆景盘根错节、迷乱纷呈的历史因素和理清云南盆景的发展脉络,颇有紧迫感和现实指导意义。云南盆景要健康、有序的发展,就不能做水中浮萍和无根之花,必须弄清楚我们从哪儿来,往哪儿去。也只有将其梳理清晰,才不至于造成学术上的模糊与混乱。否则,很容易在不经意间迷失自我,难以立足。

另一方面,自2000年云南盆景艺术协会(后更名云南省盆景赏石协会)成立以来,云南盆景人"步履蹒跚地挪出了一段走走停停、满目茫然的盆景之路"(刘芳林语)。但云南盆景人以无畏的精神,不妄自菲薄,立足本土,追逐梦想,铸造了"敢为人先、追求卓越"的云南盆景人精神。回头看看走过的路,让我们铭记住为云南盆景之传承、探索、发展作出贡献的先辈们;比较别人走过的路,才能鉴别、指导我们的选择和发展;远眺前行的路,让我们清晰地知道所要追逐的梦想。

从计划、筹备到编写成书,其实已经酝酿了很长时间,说得具体一些,5年前就开始了。只不过一直在孕育着、积累着、充实着。这期间,主编人员诚心付出,从总体排版设计、拍摄照片、走访、查找、撰写资料、校稿排版等,前后历时5年多,终于使《云岭盆韵》得以顺利出版。

在此,衷心感谢社会各界人士付出的艰辛努力和支持。特别是在探究、回顾云南盆景时,白忠先生生前和云南老一辈的盆景界人士,均作了大量的探究工作,在此特向他们致以崇高的敬意和诚挚的谢意!同时,徐宝先生、阚斗生先生、阚星月先生、陶志明先生、杨瀚森先生、张国琳先生、白靖舒女士等为《历史已远 唯留回味》《敢为人先 追求卓越》两篇文章的撰写,提供了非常宝贵的参阅资料,一并表示诚挚的谢意!

感谢世界盆景友好联盟名誉主席胡运骅先生,云南省盆景赏石协会顾问胡乐国先生、韦金笙先生、谢克英先生、王选民先生、陆志伟先生、赵庆泉先生、刘传刚先生、徐昊先生、张志刚先生在百忙之中,就云南盆景目前的现状、存在的问题以及今后的发展,提出了诚恳的建议和指导!

感谢中国风景园林学会花卉盆景赏石分会理事长、国际盆景协会(BCI)中国区委员会主席、世界盆景友好联盟(WBFF)中国地区委员会主席陈昌先生为本书题写了书名。

感谢刘少红先生、常志刚先生为云南盆景的发展记录了很多珍贵的历史镜头!

感谢昆明世博园艺有限公司彭晓斌先生、石岚女士,云南和悦堂盆景园周宽祥先生,玉溪毓园吴康先生,云南锦萃园林有限公司苏跃文先生、丽江皓园王金龙先生,云南云超园林有限公司范云超先生。特别是老秘书长李茂柏先生,多年来一直关注着协会的发展动态,并尽微薄之力积极支持此书的编纂工作;还有全省各地协会、各理事单位、各会员活动中心对此书的编纂工作给予了大力支持。这些,让我们深深地感动着。

本书的编纂工作,虽自感费力不小,但因主编人员的知识缺陷,难免因缺乏经验和翔实的历史资料,谬误在所难免,远远不能客观、全貌地反映云南盆景的历史和现实状况。我们期盼各位方家对书中错讹、遗漏之处不吝赐教,以便在今后修正、补充、完善……

太云华

2020年3月16日